1+X职业技能等级证书培训考核配套教材
1+X工业机器人应用编程职业技能等级证书培训系列教材

工业机器人应用编程
（FANUC）初级

组　编　北京赛育达科教有限责任公司
　　　　亚龙智能装备集团股份有限公司
主　编　陈晓明　霍永红　项万明
副主编　陈振一　曹　康　王志强
　　　　龙茂辉
参　编　吕　洋　刘海周　王　郝
　　　　赵　亮　李壮壮　郑万来
　　　　兰东伟　张石锐　叶　礼　启向阳
　　　　段翠华　谢　培　周兆坤

U0168299

机 械 工 业 出 版 社

本书依据 1+X 证书制度试点方案编写，以 FANUC 工业机器人为载体设计教学项目，主要内容包括工业机器人运行参数的设置、工业机器人坐标系的设置、工业机器人的手动操作、工业机器人基本程序的示教编程、工业机器人 I/O 接口的示教编程、工业机器人典型应用的示教编程、工业机器人的维护与保养。

本书适合作为职业院校工业机器人技术应用、机电技术应用、智能设备运行与维护、数控技术应用、智能化生产线安装与运维、电气设备运行与控制等专业 1+X 职业技能等级证书培训及考核用书，也可以作为相关专业拓展课程教学用书。

为便于教学，本书配套有电子课件、教学视频（以二维码形式穿插于书中）等，选用本书作为授课教材的教师可登录机械工业出版社教育服务网（http://www.cmpedu.com），注册并免费下载教学资源。

图书在版编目（CIP）数据

工业机器人应用编程.FANUC：初级/北京赛育达科教有限责任公司，亚龙智能装备集团股份有限公司组编；陈晓明，霍永红，项万明主编.—北京：机械工业出版社，2021.7（2024.2重印）

1+X职业技能等级证书培训考核配套教材　1+X工业机器人应用编程职业技能等级证书培训系列教材

ISBN 978-7-111-68652-1

Ⅰ.①工…　Ⅱ.①北…②亚…③陈…④霍…⑤项…　Ⅲ.①工业机器人－程序设计－职业技能－鉴定－教材　Ⅳ.①TP242.2

中国版本图书馆CIP数据核字（2021）第134472号

机械工业出版社（北京市百万庄大街22号　邮政编码100037）
策划编辑：赵红梅　责任编辑：赵红梅　王　宁
责任校对：潘　蕊　封面设计：鞠　杨
责任印制：常天培
北京机工印刷厂有限公司印刷
2024年2月第1版第4次印刷
184mm×260mm·7.5印张·179千字
标准书号：ISBN 978-7-111-68652-1
定价：27.00元

电话服务　　　　　　　网络服务
客服电话：010-88361066　机　工　官　网：www.cmpbook.com
　　　　　010-88379833　机　工　官　博：weibo.com/cmp1952
　　　　　010-68326294　金　书　网：www.golden-book.com
封底无防伪标均为盗版　机工教育服务网：www.cmpedu.com

为贯彻《国务院关于印发国家职业教育改革实施方案的通知》（国发〔2019〕4 号）文件精神，落实《教育部等四部门印发〈关于在院校实施"学历证书＋若干职业技能等级证书"制度试点方案〉的通知》（教职成〔2019〕6 号）文件要求，积极稳妥推进 1+X 证书制度试点工作，北京赛育达科教有限责任公司联合亚龙智能装备集团股份有限公司、长兴县职业技术教育中心学校、杭州技师学院、江苏安全职业技术学院等院校编写了 1+X 工业机器人应用编程职业技能等级证书培训系列教材。

本系列教材具有以下特色：

① 本系列教材注重实用性，体现先进性，保证科学性，突出实践性，贯穿可操作性，反映了工业机器人技术领域的新知识、新技术、新工艺和新标准，其工艺过程与实际工作情景一致。

② 本系列教材以理实一体化作为核心课程改革理念，教材理论内容浅显易懂，实操内容贴合生产一线，将知识传授、技能训练融为一体，体现"做中学、学中做"的职教理念。

③ 本系列教材文字简洁、通俗易懂、以图代文、图文并茂、形象生动、容易培养学生的学习兴趣，提升学习效果。

④ 本系列教材配套了立体化教学资源，对教学中的重点、难点以二维码等形式进行展示。

《工业机器人应用编程（FANUC）初级》为本系列教材之一，以 FANUC 工业机器人为研究对象，针对工业机器人认识与操作过程及现场编程等进行详细的讲解，本书建议学时为 90 学时，各项目学时分配建议如下：

项目	任务	建议学时
工业机器人运行参数的设置	工业机器人运行模式的设置	4
	工业机器人环境参数的设置	4
工业机器人坐标系的设置	工具坐标系的创建	6
	用户坐标系的创建	6
工业机器人的手动操作	工业机器人手动操作关节运动	6
	工业机器人手动操作线性运动	6
工业机器人基本程序的示教编程	工业机器人程序的创建与编辑	4
	工业机器人运动指令的示教与修改	6
工业机器人 I/O 接口的示教编程	工业机器人 I/O 操作	6
	工业机器人末端执行器的安装与使用	6
工业机器人典型应用的示教编程	搬运程序的编写	6
	装配程序的编写	6
	码跺程序的编写	6

（续）

项目	任务	建议学时
工业机器人的维护与保养	工业机器人文件的备份与加载	4
	零点标定	4
	工业机器人的基本保养	4
机动		6
合计		90

本书由机械工业教育发展中心陈晓明、长兴县职业技术教育中心学校霍永红、杭州技师学院项万明担任主编并完成统稿。参与本书编写的人员有长兴县职业技术教育中心学校陈振一、曹康，机械工业教育发展中心王志强、姜亚楠，亚龙智能装备集团股份有限公司吕洋、刘海周、龙茂辉、李子华、赵亮、李壮壮、郑万来、杨建辉、兰东伟、张石锐、叶礼、唐高阳、段翠华、谢培、周兆坤，江苏安全职业技术学院王郝。

由于编者水平、经验和掌握的资料有限，书中难免存在疏漏之处，请广大读者不吝赐教，提出宝贵意见。

编　者

二维码索引

目录

项目一

工业机器人运行参数的设置

项目描述

本项目主要学习工业机器人运行模式和环境参数设置的操作步骤。通过本项目的学习，学生能够正确设置工业机器人运行模式和环境参数。

任务一　工业机器人运行模式的设置

任务描述

了解工业机器人的运行模式有哪些，以及如何切换工业机器人的运行模式。

知识目标

了解工业机器人的运行模式。

技能目标

掌握切换工业机器人运行模式的方法。

知识准备

1. 工业机器人运行模式介绍

工业机器人的运行模式是可以选择的，通常会根据需要选择工业机器人的运行模式，工业机器人的运行模式对于编程生产非常重要。

工业机器人的运行模式可以分为 AUTO（自动模式）和 T1、T2（手动模式）。

AUTO（自动模式）：在该模式下可以使机器人自动执行动作（执行程序），当安全门打开时，禁止工业机器人操作和执行程序。

T1（手动减速模式）：在该模式下可以按下安全开关到中间位置、在安全门打开的情况下进行程序示教，以低速（最高 250mm/s）执行指定的功能。

T2（手动全速模式）：在该模式下可以按下安全开关到中间位置、在安全门打开的情况下进行程序示教，与 T1 方式不同的是，工业机器人可以以全速（100% 速度）执行指定的功能。

2．工业机器人运行模式的切换

（1）AUTO（自动模式）

1）用工业机器人示教器打开需要运行的程序，示教器显示屏如图 1-1-1 所示。

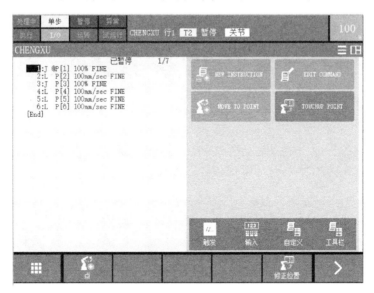

图 1-1-1　示教器显示屏

2）将工业机器人示教器上的有效开关旋转到无效（OFF），且确认工业机器人工作区域内无人、安全门关闭，如图 1-1-2 所示。

3）旋转控制柜上模式切换开关到 AUTO 模式，并解除示教器报警，如图 1-1-3 所示。

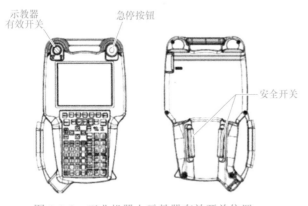

图 1-1-2　工业机器人示教器有效开关位置

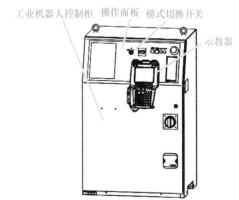

图 1-1-3　工业机器人控制柜模式
切换开关位置

4）这时，只要按下工业机器人控制柜上的起动按钮，工业机器人就能自动运行了，如图 1-1-4 所示。

（2）T1、T2（手动模式）

1）将工业机器人控制柜上的模式切换开关旋转到 T1 或 T2 模式，如图 1-1-5 所示。

2）将工业机器人示教器上的有效开关旋转到有效（ON），如图 1-1-6 所示。ON 为有效（手动运行模式），OFF 为无效（自动运行模式）。

图 1-1-4　工业机器人控制
柜起动按钮

图 1-1-5　工业机器人控制
柜模式切换开关

图 1-1-6　工业机器人
示教器有效开关

3）这时把示教器安全开关按到中间位置（如图 1-1-2 所示），可以进行工业机器人手动示教。

▶ 任务实施

对工业机器人以手动低速模式进行示教编程并检测，以手动全速模式进行程序的试运行，最后以自动模式运行程序。

1. 切换为 T1 模式

1）将工业机器人控制柜上的模式切换开关旋转到 T1，然后将示教器上的有效开关旋转到有效（ON），最后按下示教器上的安全开关到中间位置，并按下示教器上的［RESET］（复位）键清除报警，进行示教编程。

2）程序：首先按下［SELECT］键进入程序一览界面，创建一个新程序，然后按下 F1，选择并添加如下指令（注意路径上是否有障碍物）：

1：J　P［1］100% FINE

2：L　P［2］100mm/sec FINE

3：J　P［3］100% FINE

4：L　P［1］100mm/sec FINE

［END］

3）完成示教后测试运行。

2. 切换为 T2 模式

首先将工业机器人控制柜上的模式切换开关旋转到 T2，然后将示教器上的有效开关旋转到有效（ON），最后按下示教器上的安全开关到中间位置，并按下示教器上［RESET］（复位）键清除报警。

运行步骤：首先查看示教器的状态窗口，如果单步指示灯为黄色，按下示教器上的［STEP］键切换到连续模式，然后按下［SHIFT］+［FWD］进行手动运行。

3. 切换为自动模式

首先在系统配置中将"远程/本地设置"改为本地，然后将工业机器人控制柜上的模式切换开关旋转到 AUTO，然后将示教器上的有效开关旋转到无效（OFF），按下示教器上的［RESET］（复位）键清除报警。

运行步骤：首先查看示教器的状态窗口，如果单步指示灯为黄色，按下示教器上的［STEP］键切换到连续模式，然后按下工业机器人控制柜起动按钮进行自动运行。

任务评价

参考表 1-1-1 工业机器人运行模式的设置任务评价表，对设置时的操作水平进行评价，并根据学生完成的实际情况进行总结。

表 1-1-1　工业机器人运行模式设置任务评价表

	评价项目	评价要求	评分标准	分值	得分
任务内容	切换为 T1、T2 模式并示教程序	规范操作	过程性评分，步骤正确、动作规范、结果符合要求得分	40 分	
	切换为 AUTO 模式	规范操作	过程性评分，步骤正确、动作规范、结果符合要求得分	40 分	
安全文明生产	设备	保证设备安全	1. 每损坏设备 1 处扣 1 分 2. 人为损坏设备扣 10 分	10 分	
	人身	保证人身安全	否决项，发生皮肤损伤、触电、电弧灼伤等，本次任务不得分		
	文明生产	劳动保护用品穿戴整齐、遵守各项安全操作规程、实训结束要清理现场	1. 违反安全文明生产考核要求的任何一项，扣 1 分 2. 当教师发现有重大人身事故隐患时，要立即给予制止，并扣 10 分 3. 不穿工作服，不穿绝缘鞋，不得进入实训场地	10 分	
	合计			100 分	

任务二　工业机器人环境参数的设置

任务描述

了解工业机器人的环境参数有哪些，以及如何设置工业机器人的环境参数。

知识目标

了解工业机器人的环境参数。

技能目标

能够正确设置工业机器人的环境参数。

知识准备

1. 工业机器人环境参数介绍

（1）语言

示教器的系统语言可以变更，修改语言后，通过重新接通控制装置的电源即可完成变更。

（2）工业机器人负载

负载设置是指与安装在工业机器人的负载信息（重量、重心位置等）相关的设置。通过适当设置负载信息，就会带来如下效果：

1）动作性能提高（振动减小，周期时间改善等）。

2）更加有效地发挥与动力学相关的功能（碰撞检测功能、重力补偿功能等性能提高）。

如果负载信息错误，则有可能导致振动加大，或错误地检测出碰撞。为了更加有效利用工业机器人，建议操作者对首次应用在机械手、工件、工业机器人手臂上的设备等负载信息进行适当的设置。

（3）工业机器人关节（轴）可动范围

关节可动范围是通过软件来限制工业机器人动作范围的一种功能。通过设置轴动作范围，可以将工业机器人的可动范围从标准值进行变更。

2. 工业机器人环境参数的设置

（1）示教器语言设置

1）按下示教器上的［MENU］（菜单）键，显示出菜单界面，选择"6 设置→3 常规"，如图 1-2-1 所示。

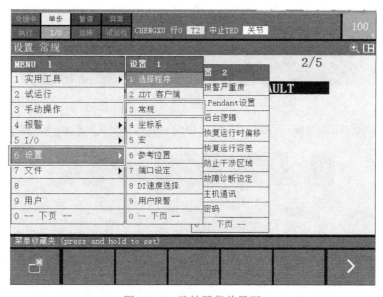

图 1-2-1　示教器菜单界面

2）在常规设置界面进行语言设置，选择"2 当前语言"，按下［选择］键，如图 1-2-2 所示。

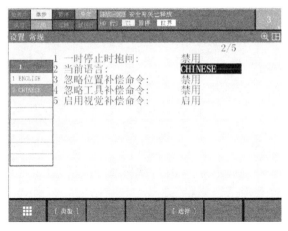

图 1-2-2　示教器常规设置界面

（2）负载参数设置

1）按下［MENU］（菜单）键，显示菜单界面。选择"0 下页"，再选择"6 系统→6 动作"，如图 1-2-3 所示，即可显示负载信息的一览界面。

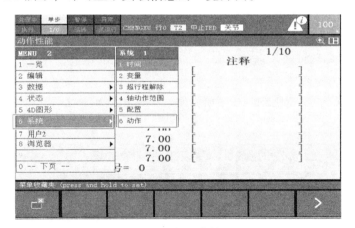

图 1-2-3　示教器菜单界面

2）将光标指向任一编号的行，按下［F3］（详细）键，即进入负载设置界面，如图 1-2-4 所示。

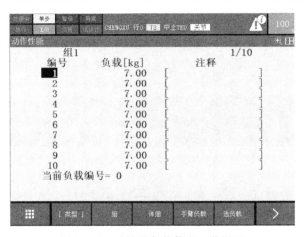

图 1-2-4　示教器负载信息一览界面

3）分别设置负载的质量、中心位置、负载惯量，也可根据需要输入注释，如图 1-2-5 所示。负载设置界面上所显示的 X、Y、Z 方向，相当于标准的（尚未设置工具坐标系状态）工具坐标。

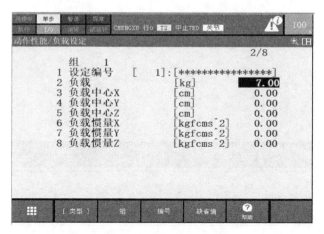

图 1-2-5　示教器负载设置界面（1）

4）变更值后，显示"路径和周期时间将会改变。设置吗？"的确认消息，如图 1-2-6 所示，按下［F4］（是）键或［F5］（否）键。此时，会显示"负载超过规格！接受吗？"，该消息表示所输入的负载超过工业机器人的额定负载，请重新研讨系统，以使负载收敛在额定值以内。此外，有时会显示"负载接近允许值！接受吗？"，该消息表示虽然没有超过额定负载，但是已接近该值。

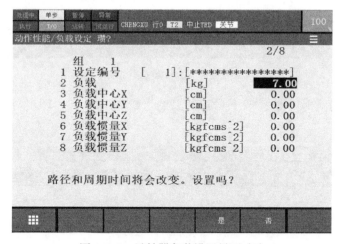

图 1-2-6　示教器负载设置界面（2）

5）在一览界面上，按下［F4］（手臂负载）键，进入手臂负载设置界面，如图 1-2-7 所示。分别设置 J1 手臂上（J2 机座部）的设备以及 J3 手臂上的设备的质量。变更值后，显示"路径和周期时间将会改变。设置吗？"的确认消息，按下［F4］（是）键或［F5］（否）键。在已经设置了设备质量的情况下，请执行电源的 OFF/ON 操作。

（3）轴动作范围设置

1）按下［MENU］（菜单）键，显示菜单界面。选择"0 下页"，再选择"6 系统→4 轴动作范围"，如图 1-2-8 所示。

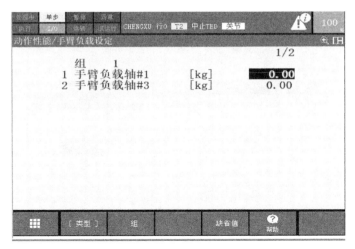

图 1-2-7　示教器手臂负载设置界面

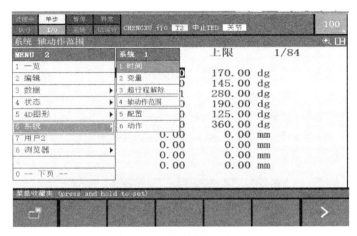

图 1-2-8　示教器菜单界面

2）将光标指向任意一轴，按下示教器上的［ENTER］键，即可对轴动作范围进行设置，如图 1-2-9 所示。

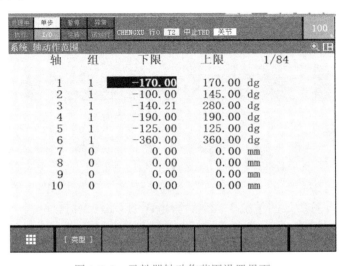

图 1-2-9　示教器轴动作范围设置界面

任务实施

对工业机器人的三项环境参数进行设置。

1. 语言

首先按下示教器上的［MENU］键，然后将光标移动到"6 设置→3 常规"，按下［ENTER］键，设置语言为中文。

2. 工业机器人负载

1）按下示教器上的［MENU］键，选择"0 下页→6 系统→6 动作"，按下示教器上的［F4］（手臂负载）键。

2）按照表 1-2-1 设置工业机器人手臂负载。

表 1-2-1　工业机器人手臂负载信息

序号	名称	单位	数值
1	手臂负载轴 #1	kg	5.00
2	手臂负载轴 #3	kg	5.00

3. 工业机器人轴动作范围

1）按下示教器上的［MENU］键，选择"0 下页→6 系统→4 轴动作范围"。

2）按照表 1-2-2 设置工业机器人轴动作范围。

表 1-2-2　工业机器人轴动作范围

轴	组	下限	上限	单位
1	1	−165.00	165.00	dg
2	1	−100.00	145.00	dg
3	1	−140.00	280.00	dg
4	1	−190.00	190.00	dg
5	1	−125.00	125.00	dg
6	1	−360.00	360.00	dg

4. 完成

设置完成后由教师检查。

任务评价

参考表 1-2-3 工业机器人环境参数的设置任务评价表，对设置时的安全操作水平进行评价，并根据学生完成的实际情况进行总结。

项目总结

本项目要求能设置工业机器人的运行模式及环境参数，能够根据机器人的动作需求来选择对应的运行模式。

表 1-2-3　工业机器人环境参数的设置任务评价表

评价项目		评价要求	评分标准	分值	得分
任务内容	设置语言	规范操作，正确设置语言	过程性评分，步骤正确、动作规范、结果符合要求得分	20分	
	设置工业机器人负载	规范操作，按要求正确设置工业机器人负载	过程性评分，步骤正确、动作规范、结果符合要求得分	30分	
	设置工业机器人轴动作范围	规范操作，按要求正确设置工业机器人动作范围	过程性评分，步骤正确、动作规范、结果符合要求得分	30分	
安全文明生产	设备	保证设备安全	1. 每损坏设备1处扣1分 2. 人为损坏设备扣10分	10分	
	人身	保证人身安全	否决项，发生皮肤损伤、触电、电弧灼伤等，本次任务不得分		
	文明生产	劳动保护用品穿戴整齐、遵守各项安全操作规程、实训结束要清理现场	1. 违反安全文明生产考核要求的任何一项，扣1分 2. 当教师发现有重大人身事故隐患时，要立即给予制止，并扣10分 3. 不穿工作服，不穿绝缘鞋，不得进入实训场地	10分	
合计				100分	

项目评测

一、填空题

1. FANUC 工业机器人中 3 种运行模式为_____、_____、_____。

2. FANUC 工业机器人修改负载的作用为_____、_____、_____。

二、简答题

1. 简述 FANUC 工业机器人运行模式 T1 和运行模式 T2 的区别。

2. 简述修改 FANUC 工业机器人关节可动范围的意义。

三、操作题

1. 利用自动模式完成 FANUC 工业机器人程序的运行。

2. 完成 FANUC 工业机器人负载的设置。

项目二

工业机器人坐标系的设置

▶ 项目描述

  本项目主要学习工业机器人工具坐标系和用户坐标系的设置，通过本项目的学习，学生能够理解什么是工具坐标系和用户坐标系，以及如何创建工业机器人工具坐标系和用户坐标系。

任务一　工具坐标系的创建

▶ 任务描述

  了解什么是工业机器人的工具坐标系，如何创建工业机器人的工具坐标系。

▶ 知识目标

  了解工业机器人的工具坐标系。

▶ 技能目标

  会熟练运用三点法和四点法创建工业机器人的工具坐标系。

▶ 知识准备

1. 工业机器人的工具坐标系

  工具坐标系是用来定义工具中心点（TCP）的位置和工具姿态的坐标系。工具坐标系将工具中心点设为零位，由此定义工具的位置和方向。工具坐标系必须事先进行设置，若没有设置，将由默认工具坐标系来替代该坐标系。执行程序时，工业机器人将 TCP 移至轨迹路径上。通常所说的工业机器人轨迹及速度，其实就是指TCP 点的轨迹和速度。TCP 一般设置在手爪中心、焊丝端部或点焊静臂前端等，如图 2-1-1 所示。

2. 创建工业机器人工具坐标系

  创建工业机器人工具坐标系有 6 种方法，分别是三

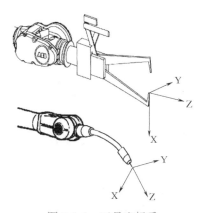

图 2-1-1　工具坐标系

三点法创建工业机器人工具坐标系

点法、六点法（XZ）、六点法（XY）、二点 +Z、四点法、直接输入法，这里以三点法和四点法为例来介绍如何创建工业机器人的工具坐标系。

（1）用三点法创建工业机器人的工具坐标系

1）单击示教器上的［MENU］（菜单）键，选择"6 设置→4 坐标系"，然后按下示教器上的［ENTER］（确定）键，如图 2-1-2 所示。

图 2-1-2 进入设置坐标系界面

2）进入设置坐标系界面后，选择坐标系，按下示教器上的［F3］（坐标）键，选择"工具坐标系"，然后按下示教器上的［ENTER］（确定）键，如图 2-1-3 所示。

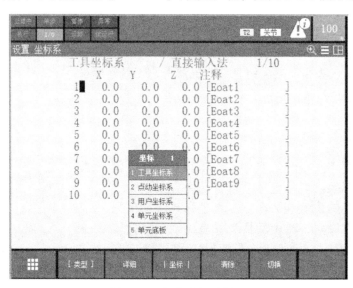

图 2-1-3 切换坐标系界面

3）进入工具坐标系界面，如图 2-1-4 所示。

4）可以创建 10 个工具坐标系，选择工具坐标系 1，按下示教器上的［F2］（详细）键，进入图 2-1-5 所示界面。

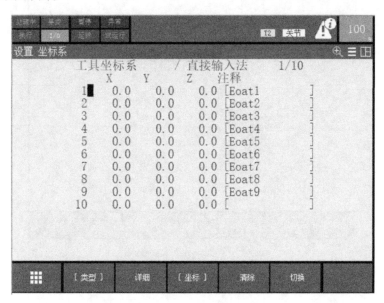

图 2-1-4　工具坐标系界面

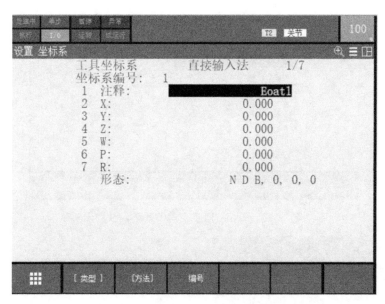

图 2-1-5　工具坐标系详细信息界面

5）按下示教器上的［F2］（方法）键，选择三点法，如图 2-1-6 所示。

6）进入三点法创建工具坐标系设置界面，如图 2-1-7 所示。

7）选择合适的手动操纵模式，操纵工业机器人需要设置 TCP 的工具移动到固定点，如图 2-1-8 所示。

8）选择示教器上的接近点 1，按住示教器上的［SHIFT］+［F5］（记录）键，记录接近点 1，如图 2-1-9 所示。

9）选择合适的手动操纵模式，操纵工业机器人需要设置 TCP 的工具以另外一种姿态移动到固定点，如图 2-1-10 所示。

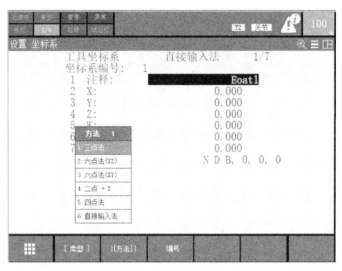

图 2-1-6　选择三点法界面

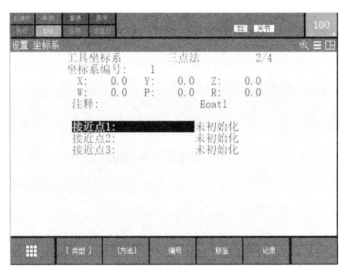

图 2-1-7　三点法创建工具坐标系设置界面

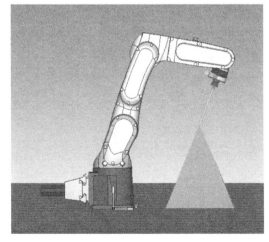

图 2-1-8　示教接近点 1 画面

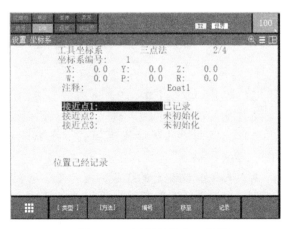

图 2-1-9　记录接近点 1 界面

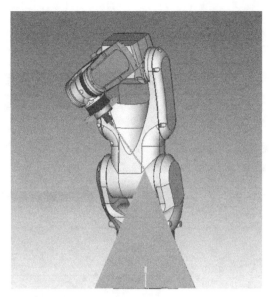

图 2-1-10　示教接近点 2 画面

10）选择示教器上的接近点 2，按住示教器上的［SHIFT］+［F5］（记录）键，记录接近点 2，如图 2-1-11 所示。

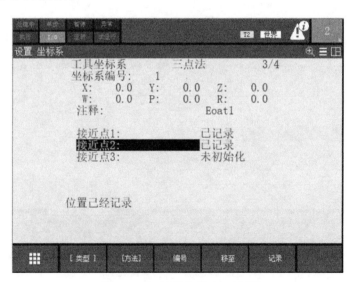

图 2-1-11　记录接近点 2 界面

11）选择合适的手动操纵模式，操纵工业机器人需要设置 TCP 的工具以另外一种姿态移动到接近点 3，如图 2-1-12 所示。

12）选择示教器上的接近点 3，按住示教器上的［SHIFT］+［F5］（记录）键，记录接近点 3，当全部点都记录完成后，系统自动生成 TCP 数据，如图 2-1-13 所示。

（2）运用四点法来创建工业机器人的工具坐标系

1）单击示教器上的［MENU］（菜单）键，选择"6 设置→4 坐标系"，然后按下示教器上的［ENTER］（确定）键，如图 2-1-14 所示。

四点法创建工业机器人工具坐标系

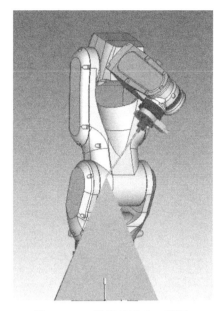

图 2-1-12　示教接近点 3 画面

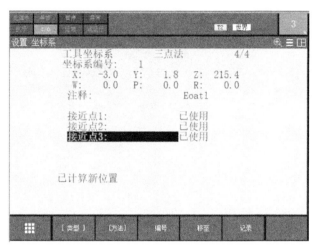

图 2-1-13　记录接近点 3 界面

图 2-1-14　进入设置坐标系界面

2）进入设置坐标系界面，然后选择坐标系，按下示教器上的［F3］（坐标）键，选择"工具坐标系"，然后按下示教器上的［ENTER］（确定）键，如图 2-1-15 所示。

3）进入工具坐标系界面，如图 2-1-16 所示。

4）可以创建 10 个工具坐标系，选择工具坐标系 2，按下示教器上的［F2］（详细）键，进入如图 2-1-17 所示界面。

5）按下示教器上的［F2］（方法）键，选择四点法，如图 2-1-18 所示。

6）进入四点法创建工具坐标系设置界面，如图 2-1-19 所示。

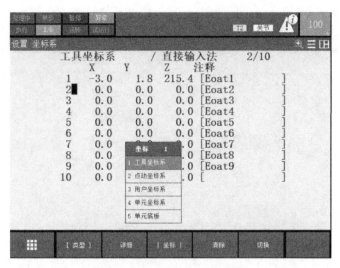

图 2-1-15　切换坐标系界面

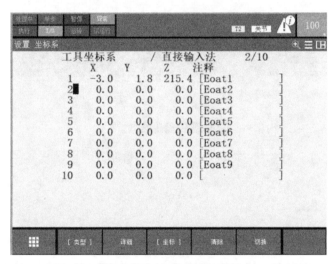

图 2-1-16　工具坐标系界面

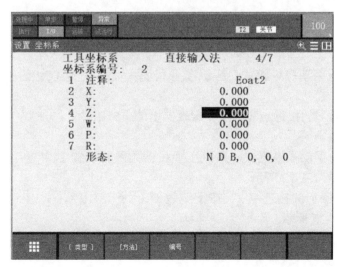

图 2-1-17　工具坐标系详细界面

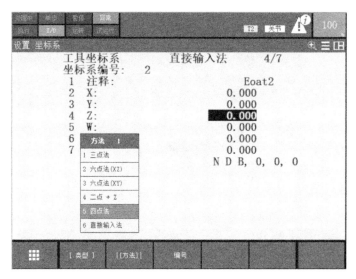

图 2-1-18 选择四点法界面

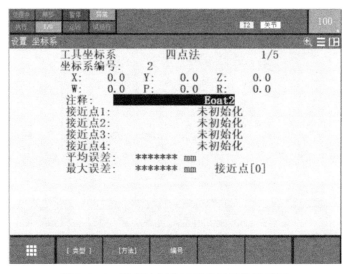

图 2-1-19 四点法创建工具坐标系设置界面

7）选择合适的手动操纵模式，操纵工业机器人需要设置 TCP 的工具移动到固定点，如图 2-1-20 所示。

8）选择示教器上的接近点 1，按下示教器上的［SHIFT］+［F5］（记录）键，记录接近点 1，如图 2-1-21 所示。

9）选择合适的手动操纵模式，操纵工业机器人需要设置 TCP 的工具以另外一种姿态移动到固定点，如图 2-1-22 所示。

10）选择示教器上的接近点 2，按下示教器上的［SHIFT］+［F5］（记录）键，记录接近点 2，如图 2-1-23 所示。

11）选择合适的手动操纵模式，操纵工业机器人需要设置 TCP 的工具以另外一种姿态移动到固定点，如图 2-1-24 所示。

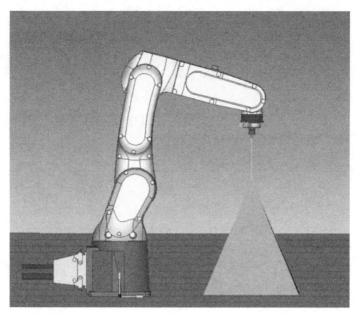

图 2-1-20　示教接近点 1 画面

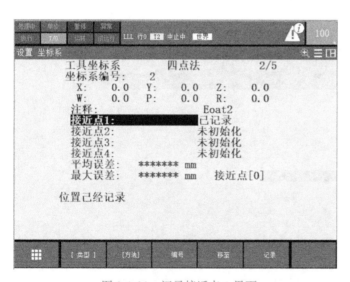

图 2-1-21　记录接近点 1 界面

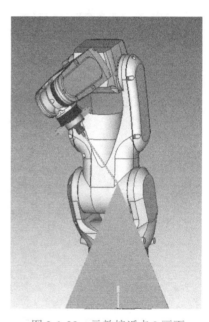

图 2-1-22　示教接近点 2 画面

12）选择示教器上的接近点 3，按下示教器上的［SHIFT］＋［F5］（记录）键，记录接近点 3，如图 2-1-25 所示。

13）选择合适的手动操纵模式，操纵工业机器人需要设置 TCP 的工具移动到固定点，如图 2-1-26 所示。

14）选择示教器上的接近点 4，按下示教器上的［SHIFT］＋［F5］（记录）键，记录接近点 4，当全部点都记录完成后，系统自动生成 TCP 数据，如图 2-1-27 所示。

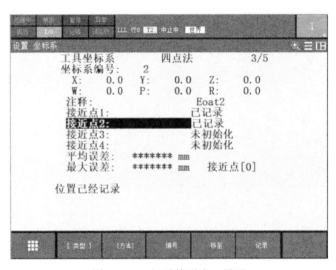

图 2-1-23　记录接近点 2 界面

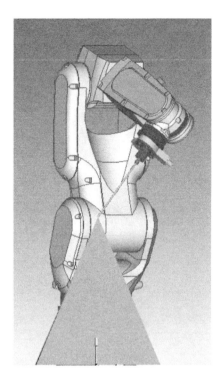

图 2-1-24　示教接近点 3 画面

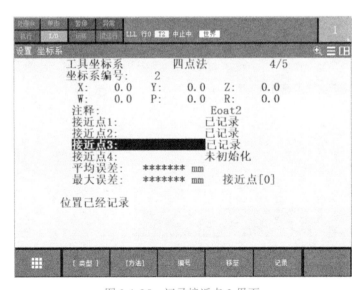

图 2-1-25　记录接近点 3 界面

3. 检验工具坐标系

1）在工具坐标系界面中按下示教器［F5］（切换）键，输入需要检验的工具坐标系，然后按下示教器上的［ENTER］（确定）键即可，如图 2-1-28 所示。

2）将工业机器人的坐标系选定为工具坐标系，按下示教器上的［SHIFT］+［COORD］键，会出现图 2-1-29 所示的界面，然后按下［F4］（工具）键即可。

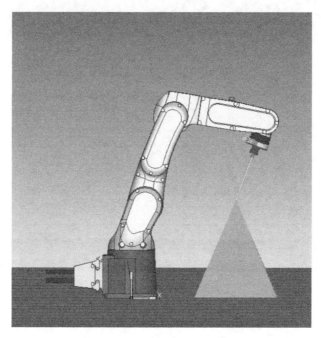

图 2-1-26　示教接近点 4 画面

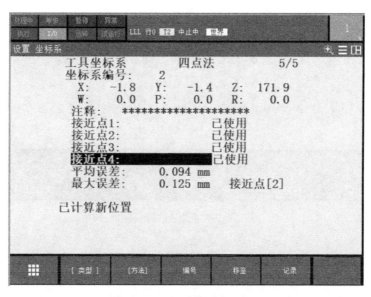

图 2-1-27　记录接近点 4 界面

3）操纵工业机器人，使 TCP 尽可能地靠近固定点，然后按下使能开关和［SHIFT］+［J4］、［J5］、［J6］键，检验工业机器人的 TCP 是否准确。如果 TCP 设置准确的话，可以看到工具参考点与固定点始终保持接触，而工业机器人只会改变姿态。

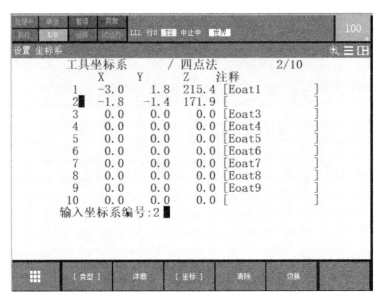

图 2-1-28　工具坐标系列表界面

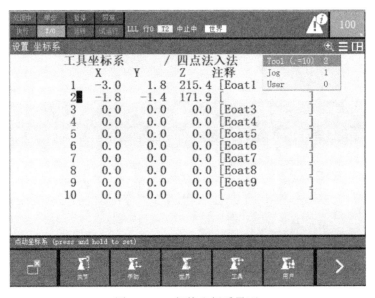

图 2-1-29　切换坐标系界面

任务实施

参考三点法、四点法创建工业机器人工具坐标系视频及操作步骤，练习创建工具坐标系，并对创建的工具坐标系进行检验。

1. 三点法创建工业机器人工具坐标系的操作步骤

1）按下示教器上的［MENU］键，选择设置中的坐标系，按下示教器上的［ENTER］键。

2）按下示教器上的［F3］（坐标）键，选择工具坐标系，按下示教器上的［ENTER］键。

3）移动光标选择要设置的工具坐标系，按下示教器上的［F2］（详细）键，进入坐标系设置界面。

4）按下示教器上的［F2］（方法）键，移动光标选择三点法，按下示教器上的［ENTER］键。

5）将工业机器人移动到要记录的第一个点，光标移动到接近点1，示教器上按下［SHIFT］+［F5］（记录）键。

6）将工业机器人移动到要记录的第二个点，光标移动到接近点2，示教器上按下［SHIFT］+［F5］（记录）键。

7）将工业机器人移动到要记录的第三个点，光标移动到接近点3，示教器上按下［SHIFT］+［F5］（记录）键。

2. 四点法创建工业机器人工具坐标系的操作步骤

1）按下示教器上的［MENU］键，选择设置中的坐标系，按下示教器上的［ENTER］键。

2）按下示教器上的［F3］（坐标）键，选择工具坐标系，按下示教器上的［ENTER］键。

3）移动光标选择要设置的工具坐标系，按下示教器上的［F2］（详细）键，进入坐标系设置界面。

4）按下示教器上的［F2］（方法）键，移动光标选择四点法，按下示教器上的［ENTER］键。

5）将工业机器人移动到要记录的第一个点，光标移动到接近点1，示教器上按下［SHIFT］+［F5］（记录）键。

6）将工业机器人移动到要记录的第二个点，光标移动到接近点2，示教器上按下［SHIFT］+［F5］（记录）键。

7）将工业机器人移动到要记录的第三个点，光标移动到接近点3，示教器上按下［SHIFT］+［F5］（记录）键。

8）将工业机器人移动到要记录的第四个点，光标移动到接近点4，示教器上按下［SHIFT］+［F5］（记录）键。

3. 对设定的工具坐标系进行检验的操作步骤

1）打开工具坐标系界面，按下示教器上的［F5］（切换）键，输入要检验的坐标系号，按下［ENTER］键。

2）按下示教器上的［SHIFT］+［COORD］键，按下示教器上的［F4］（工具）键。

3）操纵工业机器人示教完成的TCP移动到固定点，按下使能开关和［SHIFT］+［J4］、［J5］、［J6］键，查看定位的精确度。

任务评价

参考表2-1-1工具坐标系的创建任务评价表，对工具坐标系准确度进行评价，并根据学生完成的实际情况进行总结。

表2-1-1　工具坐标系的创建任务评价表

	评价项目	评价要求	评分标准	分值	得分
任务内容	创建工具坐标系	规范操作	过程性评分，步骤正确、动作规范	40分	
	检验工具坐标系	规范操作	过程性评分，步骤正确、动作规范	15分	
		精度	结果性评分，用三点法设置TCP，移动J4、J5、J6键，TCP点应始终在固定点上；用四点法设置TCP，平均误差应在0.3mm以内，否则不得分	25分	

（续）

评价项目		评价要求	评分标准	分值	得分
安全文明生产	设备	保证设备安全	1. 每损坏设备1处扣1分 2. 人为损坏设备扣10分	10分	
	人身	保证人身安全	否决项，发生皮肤损伤、触电、电弧灼伤等，本次任务不得分		
	文明生产	劳动保护用品穿戴整齐、遵守各项安全操作规程、实训结束要清理现场	1. 违反安全文明生产考核要求的任何一项，扣1分 2. 当教师发现有重大人身事故隐患时，要立即给予制止，并扣10分 3. 不穿工作服，不穿绝缘鞋，不得进入实训场地	10分	
合计				100分	

任务二 用户坐标系的创建

任务描述

创建贴合工业机器人任务需求的用户坐标系。

知识目标

了解工业机器人用户坐标系。

技能目标

会熟练运用三点法创建工业机器人用户坐标系。

知识准备

1. 工业机器人的用户坐标系

（1）用户坐标系的定义

用户坐标系是拥有特定附加属性的坐标系。它主要用于简化编程，用户坐标系拥有用户框架（与世界相关）和目标框架（与用户框架相关）两个框架。默认的用户坐标系 User0 和世界（WORLD）坐标系重合。新的用户坐标系都是基于默认的用户坐标系变化得到的，工业机器人可以有多个用户坐标系，以表示不同的工件，或表示同一工件在不同位置的若干副本。工业机器人用户坐标系如图 2-2-1 所示。

（2）用户坐标系的作用及特点

用户坐标系的作用是确定参考坐标系，确定工作台上的运动方向，方便调试。

用户坐标系的特点是新的用户坐标系是根据默认的用户坐标系 User0 变化得到的，新的用户坐标系的位置和姿态相对空间是不变化的。对工业机器人进行编程时就是在用户坐标系中创建目标和路径。

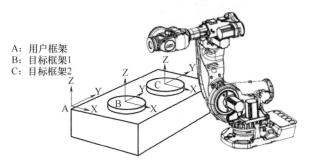

A：用户框架
B：目标框架1
C：目标框架2

图 2-2-1　工业机器人用户坐标系

2. 创建工业机器人用户坐标系

创建工业机器人用户坐标系有 3 种方法，分别是三点法、四点法和直接输入法，这里以三点法为例来介绍创建工业机器人用户坐标系的方法。

三点法创建用户
坐标系

1）按下示教器上的［MENU］（菜单）键，选择"6 设置→4 坐标系"，然后按下示教器上的［ENTER］（确定）键，如图 2-2-2 所示。

图 2-2-2　示教器菜单界面

2）进入设置坐标系界面，选择坐标系，按下示教器上的［F3］（坐标）键，选择"用户坐标系"，然后按下示教器上的［ENTER］（确定）键，如图 2-2-3 所示。

3）进入用户坐标系列表界面，如图 2-2-4 所示。

4）可以创建 9 个用户坐标系，选择用户坐标系 1，按下示教器上的［F2］（详细）键，进入如图 2-2-5 所示的界面。

5）按下示教器上的［F2］（方法）键，选择三点法，如图 2-2-6 所示。

6）进入三点法创建用户坐标系设置界面，如图 2-2-7 所示。

7）选择合适的手动操纵模式，操纵工业机器人的涂胶笔工具移动到需要创建用户坐标系的坐标原点位置，如图 2-2-8 所示。

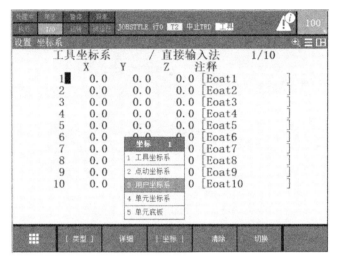

图 2-2-3　设置坐标系界面

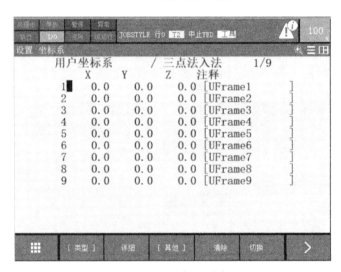

图 2-2-4　用户坐标系列表界面

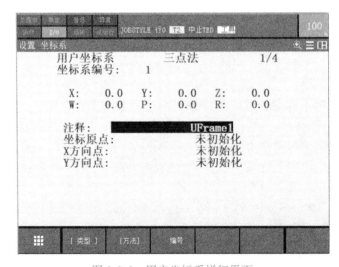

图 2-2-5　用户坐标系详细界面

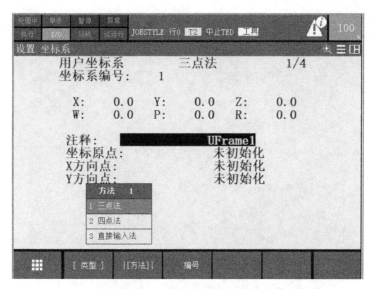

图 2-2-6　选择三点法界面

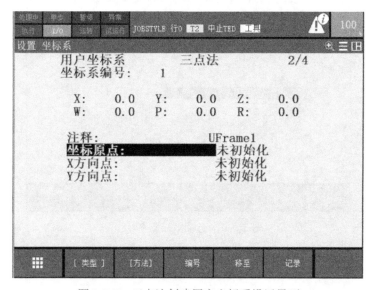

图 2-2-7　三点法创建用户坐标系设置界面

8）选择示教器上的坐标原点，按下示教器上的〔SHIFT〕+〔F5〕（记录）键，记录坐标原点，如图 2-2-9 所示。

9）选择合适的手动操纵模式，操纵工业机器人的涂胶笔工具移动到需要创建用户坐标系的 X 方向点位置，如图 2-2-10 所示。

10）选择示教器上的 X 方向点，按下示教器上的〔SHIFT〕+〔F5〕（记录）键，记录 X 方向点，如图 2-2-11 所示。

11）选择合适的手动操纵模式，操纵工业机器人的涂胶笔工具移动到需要创建用户坐标系的 Y 方向点位置，如图 2-2-12 所示。

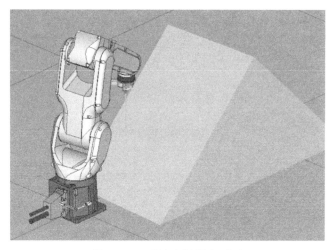

图 2-2-8　示教坐标原点画面

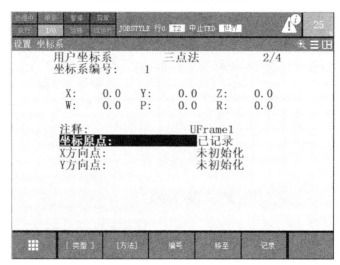

图 2-2-9　记录坐标原点界面

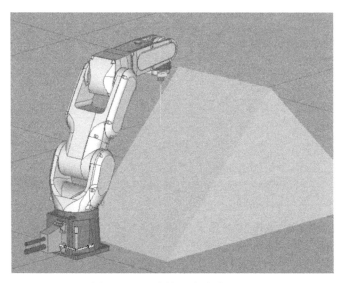

图 2-2-10　示教 X 方向点画面

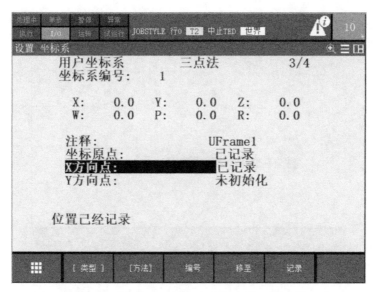

图 2-2-11　记录 X 方向点界面

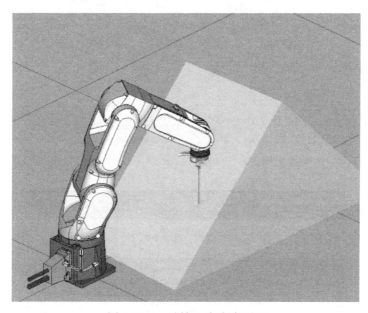

图 2-2-12　示教 Y 方向点画面

12）选择示教器上的 Y 方向点，按下示教器上的［SHIFT］+［F5］（记录）键，记录 Y 方向点，当全部点都记录完成后，系统自动生成用户坐标系数据，如图 2-2-13 所示。

3. 检验用户坐标系

1）在用户坐标系界面中按下示教器［F5］（切换）键，输入需要检验的用户坐标系，然后按下示教器上的［ENTER］（确定）键即可，如图 2-2-14 所示。

2）将工业机器人的坐标系选定为用户坐标系，按下示教器上的［SHIFT］+［COORD］键，出现图 2-2-15 所示的界面。然后按下［F5］（用户）键即可。

3）操纵工业机器人沿 X、Y、Z 方向运动，检查用户坐标系的方向设定是否有偏差，若偏差不符合要求，重复以上设定的所有步骤。

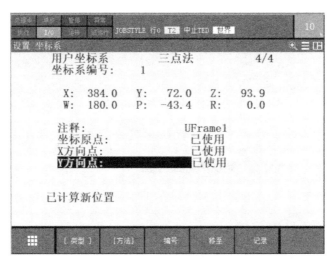

图 2-2-13　记录 Y 方向点界面

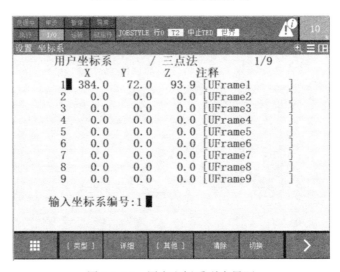

图 2-2-14　用户坐标系列表界面

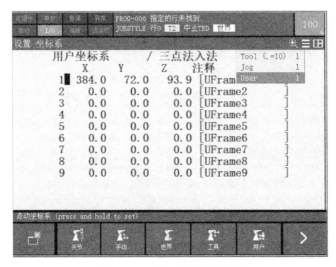

图 2-2-15　切换坐标系界面

任务实施

参考三点法创建工业机器人用户坐标系视频及操作步骤，练习设置用户坐标系，并对设置的用户坐标系进行检验。

1. 三点法创建工业机器人用户坐标系的操作步骤

1）按下［MENU］（菜单）键，选择设置中的坐标系按下［ENTER］键。

2）按下［F3］（坐标）键，选择用户坐标系，然后按下［ENTER］键。

3）移动光标选择要设置的用户坐标系，按下示教器上的［F2］（详细）键。

4）按下示教器上的［F2］（方法）键，移动光标选择三点法，按下示教器上的［ENTER］键。

5）将工业机器人移动到需要示教的坐标原点，将光标移动到坐标原点，按下示教器上的［SHIFT］+［F5］（记录）键。

6）将工业机器人沿 X 方向移动到需要示教的点，将光标移动到 X 方向点，按下示教器上的［SHIFT］+［F5］（记录）键。

7）将工业机器人沿 Y 方向移动到需要示教的点，将光标移动到 Y 方向点，按下示教器上的［SHIFT］+［F5］（记录）键。

2. 对设置的工具坐标系进行检验的操作步骤

1）打开用户坐标系界面，按下示教器上的［F5］（切换）键，输入要检验的坐标系号，按下［ENTER］键。

2）按下示教器上的［SHIFT］+［COORD］键，按下示教器上的［F5］（用户）键。

3）将工业机器人移动到示教了用户坐标系的工件表面，工业机器人沿 X、Y、Z 方向运动，查看用户坐标系的准确性。

任务评价

参考表 2-2-1 用户坐标系的创建任务评价表，对用户坐标系设定进行评价，并根据学生完成的实际情况进行总结。

表 2-2-1　用户坐标系的创建任务评价表

	评价项目	评价要求	评分标准	分值	得分
任务内容	建立用户坐标系	规范操作	过程性评分，步骤正确、动作规范	35 分	
	检验用户坐标系	规范操作	过程性评分，步骤正确、动作规范	25 分	
		精度	结果性评分，移动工业机器人 TCP 点到用户坐标系平面上，移动 X、Y、Z 方向，如果 TCP 点移动过程中与平面有偏差，则不得分	20 分	
安全文明生产	设备	保证设备安全	1. 每损坏设备 1 处扣 1 分 2. 人为损坏设备扣 10 分	10 分	
	人身	保证人身安全	否决项，发生皮肤损伤、触电、电弧灼伤等，本次任务不得分		

（续）

评价项目		评价要求	评分标准	分值	得分
安全文明生产	文明生产	劳动保护用品穿戴整齐、遵守各项安全操作规程、实训结束要清理现场	1. 违反安全文明生产考核要求的任何一项，扣1分 2. 当教师发现有重大人身事故隐患时，要立即给予制止，并扣10分 3. 不穿工作服，不穿绝缘鞋，不得进入实训场地	10分	
合计				100分	

项目总结

本项目要求能理解工业机器人的工具坐标系和用户坐标系；能使用三点法和四点法创建工具坐标系和用户坐标系；能理解工业机器人程序路径与工业机器人的工具坐标系和用户坐标系的关系。

项目评测

一、填空题

1. FANUC 工业机器人中 TCP 指的是_____。

2. FANUC 工业机器人用户坐标系编号_____的方向与世界坐标系方向一致。

3. FANUC 工业机器人创建用户坐标系有_____、_____、_____ 3 种方法。

4. FANUC 工业机器人创建工具坐标系有_____、_____、_____、_____、_____、_____ 6 种方法。

二、简答题

1. 简述工具坐标系及其意义。

2. 如何在不改变工业机器人程序的情况下，通过改变 TCP 数据，使工业机器人的 Z 向路径抬高 10cm？

3. 简述用户坐标系及其意义。

三、操作题

1. 用三点法或者四点法完成工业机器人工具坐标系的创建，并对所创建的工具坐标系进行检验。

2. 用三点法完成工业机器人用户坐标系的创建，并对所创建的用户坐标系进行检验。

项目三

工业机器人的手动操作

项目描述

本项目主要介绍工业机器人的手动操作，通过本项目的学习，学生能够运用示教器完成机器人 X、Y、Z 方向的运动。

任务一 工业机器人手动操作关节运动

任务描述

了解工业机器人关节运动的操作要领，以及如何操作机器人进行关节运动。

知识目标

了解工业机器人关节运动的操作步骤。

技能目标

熟练掌握工业机器人关节运动的操作方法。

知识准备

工业机器人手动操作关节运动，必须满足以下条件：

（1）MODE SEITCH（工业机器人控制柜）为 T1/T2

当模式切换开关为 AUTO 时，工业机器人为自动运行模式；当模式切换开关为 T1 时，工业机器人为手动模式，并且限速为 250mm/s；当模式切换开关为 T2 时，工业机器人处在手动模式全速运行状态。工业机器人控制柜模式切换开关如图 3-1-1 所示。

机器人关节
运动

（2）工业机器人控制柜急停按钮释放

工业机器人控制柜急停按钮被按下，工业机器人立即停止运动，如图 3-1-2 所示。

（3）示教器 TP 开关为 ON

示教器 TP 开关控制示教器有效 / 无效，当示教器 TP 开关为 OFF 时，示教、编程、手动运行不能被使用，如图 3-1-3 所示。

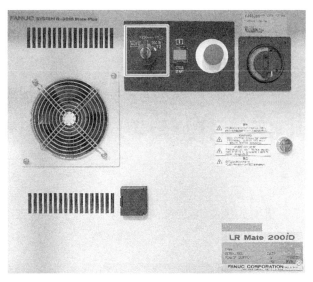

图 3-1-1　工业机器人控制柜模式切换开关

图 3-1-2　工业机器人控制柜急停开关

图 3-1-3　示教器 TP 开关为 OFF

（4）示教器急停按钮释放

当示教器急停按钮被按下时，工业机器人立即停止运动，如图 3-1-4 所示。

（5）安全开关使能

示教器安全开关如图 3-1-5 所示，当 TP 开关有效时，只有安全开关被按下至第一档，工业机器人才能运动，一旦松开或按下至第二档，工业机器人立即停止运动。

（6）按下示教器上的［RESET］键，消除报警

当释放安全开关后，系统会报警，所以每次按下安全开关后，需按下［RESET］键消除报警，示教器消除报警界面如图 3-1-6 所示。

急停按钮

图 3-1-4　示教器急停按钮

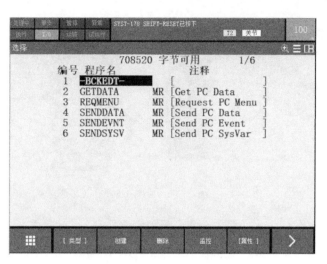

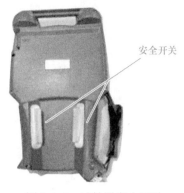

图 3-1-5　示教器安全开关

图 3-1-6　示教器消除报警界面

（7）选择关节运动

按下［SHIFT］+［COORD］键，显示图 3-1-7 所示界面，按下［F1］键，选择关节坐标系。

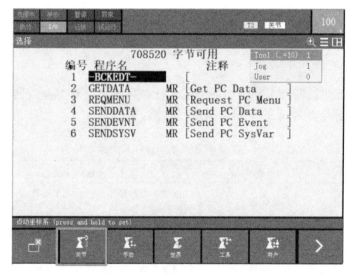

图 3-1-7　运动模式切换界面

（8）工业机器人关节运动

同时按下安全开关到中间位置、［SHIFT］键和运动键，即可对工业机器人进行关节运动的操作，如图 3-1-8 所示。

关节运动键标号为按键下方括号内的标识，J1 为一号轴旋转按钮，J2 为二号轴旋转按钮，依此类推。

任务实施

参考工业机器人关节运动视频及操作步骤，练习操作工业机器人关节运动。

工业机器人关节运动的操作步骤：

图 3-1-8　工业机器人关节运动操作

1）将控制柜上的模式切换开关拨到 T1/T2。

2）释放工业机器人控制柜急停按钮。

3）将示教器 TP 开关拨到 ON。

4）按下安全开关。

5）按下示教器上的［RESET］键，消除报警。

6）选择关节运动。

7）同时按住安全开关、［SHIFT］键和运动键，即可对工业机器人进行关节坐标运动的操作。

任务评价

参考表 3-1-1 工业机器人手动操作关节运动任务评价表，对工业机器人手动操作关节运动进行评价，并根据学生完成的实际情况进行总结。

表 3-1-1　工业机器人手动操作关节运动任务

评价项目		评价要求	评分标准	分值	得分
任务内容	控制柜操作	规范操作	能够正确选择工业机器人工作模式，释放控制柜急停按钮	20分	
	示教器操作	规范操作	能够正确选择 TP 开关，正确按下安全开关，消除报警	25分	
		规范操作	能够正确操作机械臂六个轴单独运动	35分	
安全文明生产	设备	保证设备安全	1. 每损坏设备 1 处扣 1 分 2. 人为损坏设备扣 10 分	10分	
	人身	保证人身安全	否决项，发生皮肤损伤、触电、电弧灼伤等，本次任务不得分		
	文明生产	劳动保护用品穿戴整齐、遵守各项安全操作规程、实训结束要清理现场	1. 违反安全文明生产考核要求的任何一项，扣 1 分 2. 当教师发现有重大人身事故隐患时，要立即给予制止，并扣 10 分 3. 不穿工作服，不穿绝缘鞋，不得进入实训场地	10分	
合计				100分	

任务二　工业机器人手动操作线性运动

任务描述

了解工业机器人线性运动的操作要领，以及如何操作工业机器人线性运动。

知识目标

了解工业机器人线性运动的操作步骤。

技能目标

掌握工业机器人线性运动的操作方法。

知识准备

工业机器人在世界坐标系下的运动是线性运动，即工业机器人工具中心点（TCP）在空间中沿坐标轴做直线运动。线性运动是工业机器人多轴联动的效果。

机器人线性
运动

工业机器人手动操作线性运动，必须满足以下条件：

（1）MODE SEITCH（工业机器人控制柜）为 T1/T2

当模式切换开关为 AUTO 时，工业机器人为自动运行模式；当模式切换开关为 T1 时，工业机器人为手动模式，并且工业机器人限速 250mm/s；当模式切换开关为 T2 时，工业机器人处在手动模式全速运行状态，如图 3-2-1 所示。

图 3-2-1　工业机器人控制柜模式切换开关

（2）工业机器人控制柜急停按钮释放

控制柜急停按钮被按下，工业机器人立即停止运动，如图 3-2-2 所示。

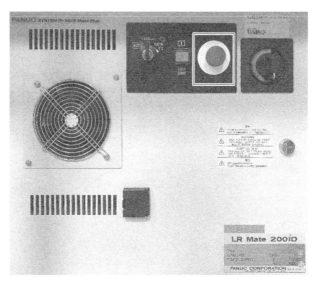

图 3-2-2　工业机器人控制柜急停开关

（3）示教器 TP 开关为 ON

示教器 TP 开关控制示教器有效 / 无效，当示教器 TP 开关为 OFF 时，示教、编程、手动运行不能被使用，如图 3-2-3 所示。

（4）示教器急停按钮释放

示教器急停按钮被按下，工业机器人立即停止运动，如图 3-2-4 所示。

急停按钮

图 3-2-3　示教器 TP 开关无效　　　　　图 3-2-4　示教器急停按钮释放

（5）安全开关使能

示教器安全开关如图 3-2-5 所示，当 TP 有效时，只有安全开关被按下，工业机器人才能运动，一旦松开或按压力过大，工业机器人立即停止运动。

（6）按下示教器上的［RESET］键，消除报警

当释放安全开关后，系统会报警，所以每次按下安全开关后，需按下［RESET］键消

除报警，示教器消除报警界面如图 3-2-6 所示。

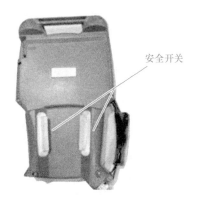

图 3-2-5　示教器安全开关

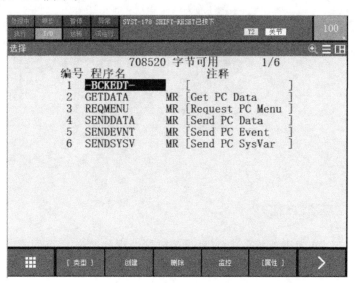

图 3-2-6　示教器消除报警界面

（7）选择线性运动

按住［SHIFT］+［COORD］键显示图 3-2-7 所示界面，按下［F3］键，选择世界坐标系（选择手动坐标系、工具坐标系、用户坐标系均可实现线性运动）。

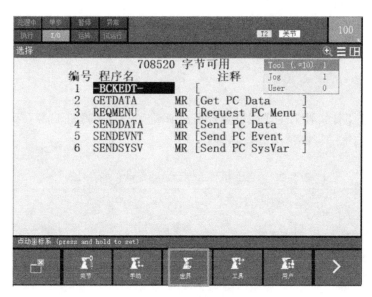

图 3-2-7　运动模式切换界面

（8）工业机器人线性运动

同时按下安全开关到中间位置、［SHIFT］键和运动键，即可对工业机器人进行线性运动的操作，如图 3-2-8 所示。

线性运动键标号为按键上方标识，–X、+X 键为机械臂 X 正负方向运动键，–Y、+Y 键为机械臂 Y 正负方向运动键，–Z、+Z 键为机械臂 Z 正负方向运动键。

图 3-2-8　机器人线性运动操作

▶ **任务实施**

参考工业机器人线性运动视频及操作步骤，练习操作工业机器人手动线性运动。

工业机器人手动线性运动操作步骤：

1）将控制柜上的模式切换开关拨到 T1/T2。

2）释放工业机器人控制柜急停按钮。

3）将示教器 TP 开关拨到 ON。

4）按下安全开关。

5）按下示教器上的［RESET］键，消除报警。

6）选择关节运动。

7）同时按住安全开关、［SHIFT］键和运动键，即可对工业机器人进行线性运动的操作。

▶ **任务评价**

参考表 3-2-1 工业机器人手动线性运动任务评价表，对工业机器人手动线性运动进行评价，并根据学生完成的实际情况进行总结。

表 3-2-1　工业机器人手动线性运动任务评价表

评价项目		评价要求	评分标准	分值	得分
任务内容	控制柜操作	规范操作	能够正确选择工业机器人工作模式，释放控制柜急停按钮	20分	
	示教器操作	规范操作	能够正确选择 TP 开关，正确按住安全开关，消除报警	25分	
		规范操作	能够正确操作机械臂 X、Y、Z 运动	35分	
安全文明生产	设备	保证设备安全	1. 每损坏设备 1 处扣 1 分 2. 人为损坏设备扣 10 分	10分	
	人身	保证人身安全	否决项，发生皮肤损伤、触电、电弧灼伤等，本次任务不得分		

（续）

评价项目	评价要求	评分标准	分值	得分
安全文明生产	文明生产	劳动保护用品穿戴整齐、遵守各项安全操作规程、实训结束要清理现场	1. 违反安全文明生产考核要求的任何一项，扣1分 2. 当教师发现有重大人身事故隐患时，要立即给予制止，并扣10分 3. 不穿工作服，不穿绝缘鞋，不得进入实训场地	10分	
合计			100分	

项目总结

本项目要求能手动操作工业机器人的关节运动及线性运动，能够根据工业机器人的动作需求来选择对应的手动操作方法。

项目评测

一、填空题

1. FANUC 工业机器人有_____和_____ 2 种运动方式。

2. FANUC 工业机器人在_____、_____、_____、_____坐标系下可实现线性运动。

二、简答题

1. 简述 FANUC 工业机器人关节运动应用的场合。

2. 简述 FANUC 工业机器人线性运动应用的场合。

三、操作题

1. 利用工业机器人进行关节运动。

2. 利用工业机器人进行线性运动。

项目四

工业机器人基本程序的示教编程

项目描述

本项目主要学习工业机器人程序的创建与编辑，以及编写工业机器人运动指令的程序和参数。通过本项目的学习，学生能够完成工业机器人程序的创建与编辑、修改运动指令的程序和参数。

任务一　工业机器人程序的创建与编辑

任务描述

了解工业机器人寄存器指令，会创建与编辑工业机器人程序。

知识目标

了解工业机器人寄存器指令。

技能目标

会熟练创建与编辑工业机器人程序。

知识准备

1. 工业机器人寄存器指令

寄存器指令是进行寄存器算术运算的指令，寄存器有如下几种：

（1）数值寄存器

数值寄存器用来存储某一整数数值或实数值的变量，在标准情况下提供 200 个数值寄存器，也可以进行算术运算，例如：R[1]=R[2]+1。数值寄存器界面如图 4-1-1 所示。

（2）位置寄存器

位置寄存器用来存储位置资料的变量，在标准情况下提供 100 个位置寄存器，也可以进行算术运算，例如：PR[1]=Lpos，PR[1,1]=PR[2,1]+PR[3,1]。位置寄存器界面如图 4-1-2 所示。

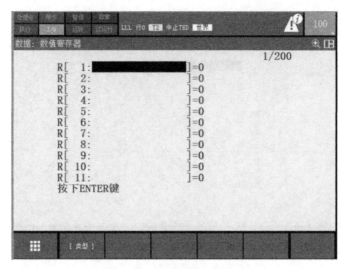

图 4-1-1　数值寄存器界面

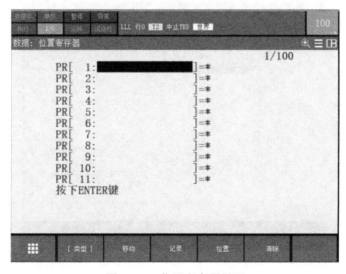

图 4-1-2　位置寄存器界面

（3）码垛寄存器

码垛寄存器用来显示码垛寄存器当前的值，也可以进行算术运算，例如：PL［1］=PL［2］+［1，2，1］。码垛寄存器界面如图 4-1-3 所示。

（4）字符串寄存器

字符串寄存器用来显示各字符串寄存器的当前值，也可以变更字符串寄存器的值，追加注解，如图 4-1-4 所示。

（5）视觉寄存器

视觉寄存器是用于存储 iRVision 的检出结果的专用寄存器，一个视觉寄存器能存储相当于 1 个工件的检出数据，如图 4-1-5 所示。

2. 工业机器人程序的创建

工业机器人应用程序由工业机器人为进行作业而由用户记录的指令以及其他附带信息构成，程序除了记录工业机器人进行作业的程序信息，还有就程序属性进行定义的程序详细信息。

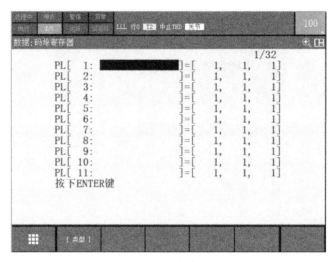

图 4-1-3　码垛寄存器界面

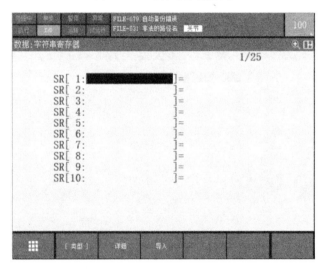

图 4-1-4　字符串寄存器界面

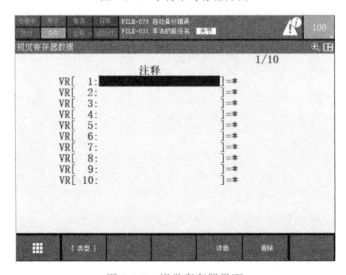

图 4-1-5　视觉寄存器界面

工业机器人程序的
创建与编辑

1）按下示教器上的［SELECT］（程序一览）键，进入程序一览界面，如图 4-1-6 所示。注意：不可以用空格、符号、数字作为程序名的开始字母。

2）按下示教器上的［F2］（创建）键，进入创建 TP 程序界面，如图 4-1-7 所示。

3）输入程序名，然后按下示教器上的［ENTER］（确定）键，如图 4-1-8 所示。

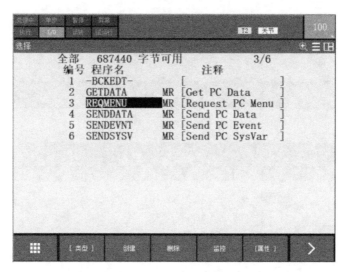

图 4-1-6　程序一览界面

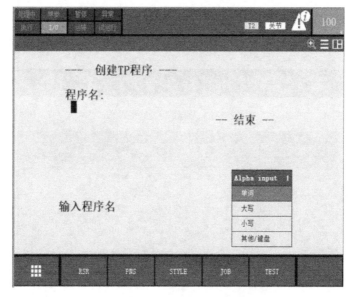

图 4-1-7　创建 TP 程序界面

4）按下示教器上的［F3］（编辑）键，进入编辑 TP 程序界面，如图 4-1-9 所示。

5）按下示教器上的［SELECT］（程序一览）键，进入 TP 程序一览界面，按下示教器上的［NEXT］（下一页）键，进入图 4-1-10 所示界面，再按下［F2］（详细）键，可以看到程序的详细情况，如图 4-1-11 所示。

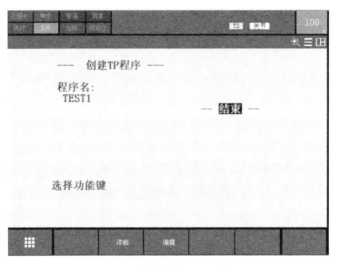

图 4-1-8　结束创建 TP 程序界面

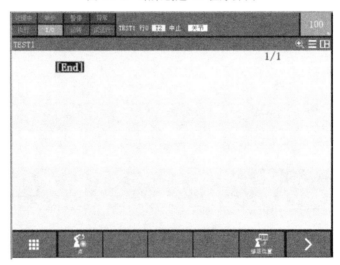

图 4-1-9　编辑 TP 程序界面

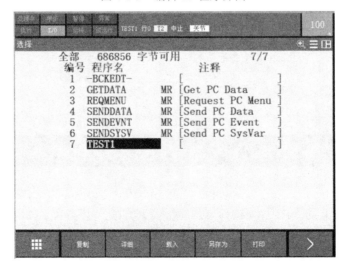

图 4-1-10　详细选项界面

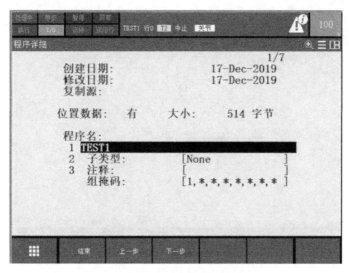

图 4-1-11 程序的详细情况

3. 工业机器人程序的编辑

（1）工业机器人 TP 程序的删除

1）按下示教器上的［SELECT］（程序一览）键，进入 TP 程序一览界面，然后按下示教器上的［F3］（删除）键，如图 4-1-12 所示。

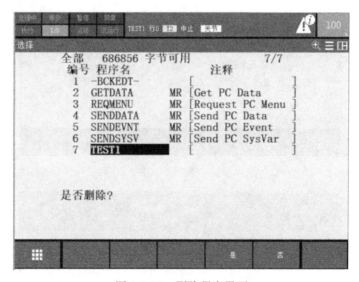

图 4-1-12 删除程序界面

2）按下示教器上的［F4］（是）键，即可删除该程序。

（2）工业机器人程序的复制

1）按下示教器上的［SELECT］（程序一览）键，进入 TP 程序一览界面，按下示教器上的［NEXT］（下一页）键，进入图 4-1-13 所示界面。

2）按下示教器上的［F1］（复制）键，进入图 4-1-14 所示的界面。

3）修改新的 TP 程序名称，如图 4-1-15 所示。修改完成后，按下示教器上的［ENTER］（确定）键，进入图 4-1-16 界面，最后按下示教器上的［F4］（是）键即可。

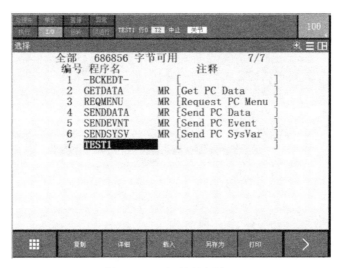

图 4-1-13　复制程序界面

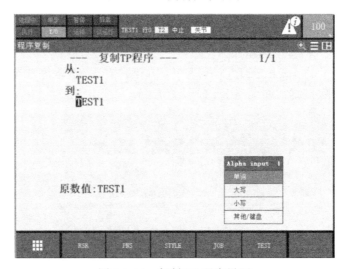

图 4-1-14　复制 TP 程序界面

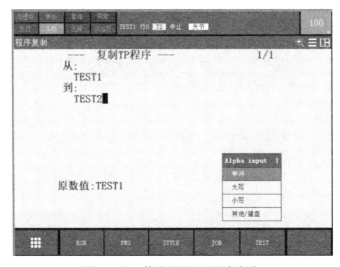

图 4-1-15　修改新的 TP 程序名称

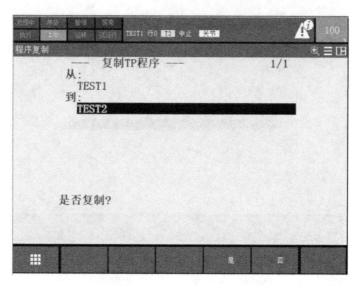

图 4-1-16　确认复制程序

（3）工业机器人程序的重命名

1）按下示教器上的［SELECT］（程序一览）键，进入 TP 程序一览界面，按下示教器上的［NEXT］（下一页）键，进入图 4-1-17 所示界面。

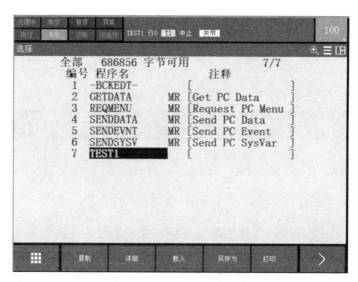

图 4-1-17　选项下一页界面

2）按下示教器上的［F2］（详细）键，进入 TP 程序详细界面，并移动光标到程序名字上，如图 4-1-18 所示。

3）按下示教器上的［ENTER］（确定）键，进入图 4-1-19 所示界面，并修改新的名字，修改完成后，按下示教器上的［ENTER］（确定）键，即可。

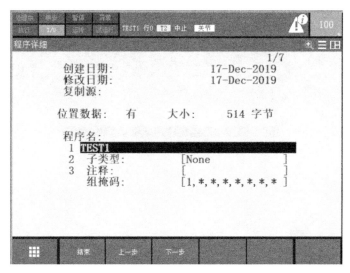

图 4-1-18　程序详细界面

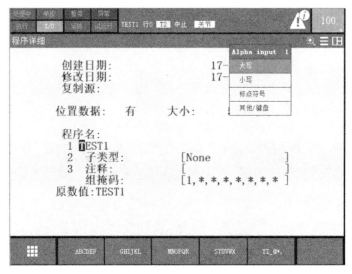

图 4-1-19　程序重命名界面

任务实施

参考工业机器人 TP 程序的创建视频及操作步骤，练习工业机器人 TP 程序的创建，并对创建好的程序进行编辑。

（1）工业机器人 TP 程序创建的操作步骤

［SELECT］（程序一览）键 ⟹ ［F2］（创建）键 ⟹ 输入程序名 ⟹ ［ENTER］键。

（2）工业机器人 TP 程序删除的操作步骤

［SELECT］（程序一览）键 ⟹ 光标移到需要删除的程序 ⟹ ［F3］（删除）键 ⟹ ［F4］（是）键。

（3）工业机器人 TP 程序复制的操作步骤

1）［SELECT］（程序一览）键 ⟹ ［NEXT］（下一页）键 ⟹ ［F1］（复制）键。

2）输入新的 TP 程序名称 ⟹ ［ENTER］键 ⟹ ［F4］（是）键。

（4）工业机器人 TP 程序重命名的操作步骤

1）［SELECT］（程序一览）键 ➡ ［F2］（详细）键 ➡ 光标移动到程序名称上。

2）［ENTER］键 ➡ 新的 TP 程序名称 ➡ ［F4］（是）键。

任务评价

参考表 4-1-1 工业机器人 TP 程序的创建与编辑任务评价表，对完成度进行评价，并根据学生完成的实际情况进行总结。

表 4-1-1 工业机器人 TP 程序的创建与编辑任务评价表

评价项目		评价要求	评分标准	分值	得分
任务内容	TP 程序的创建	规范操作	过程性评分，步骤正确、动作规范	20 分	
	TP 程序的删除	规范操作	过程性评分，步骤正确、动作规范	20 分	
	TP 程序的复制	规范操作	过程性评分，步骤正确、动作规范	20 分	
	TP 程序的重命名	规范操作	过程性评分，步骤正确、动作规范	20 分	
安全文明生产	设备	保证设备安全	1. 每损坏设备 1 处扣 1 分 2. 人为损坏设备扣 10 分	10 分	
	人身	保证人身安全	否决项，发生皮肤损伤、触电、电弧灼伤等，本次任务不得分		
	文明生产	劳动保护用品穿戴整齐、遵守各项安全操作规程、实训结束要清理现场	1. 违反安全文明生产考核要求的任何一项，扣 1 分 2. 当教师发现有重大人身事故隐患时，要立即给予制止，并扣 10 分 3. 不穿工作服，不穿绝缘鞋，不得进入实训场地	10 分	
合计				100 分	

任务二　工业机器人运动指令的示教与修改

任务描述

了解工业机器人的运动指令，能够根据任务需求使用相应的运动指令，并会修改运动指令的参数及程序。

知识目标

了解工业机器人运动指令。

技能目标

能够根据任务需求编写相应的工业机器人运动指令，以及修改相关的参数和程序。

知识准备

1. 工业机器人运动指令

所谓运动指令是指以指定的移动速度和移动方法使工业机器人向作业空间内的指定位置移动的指令，运动指令中指定的内容有动作类型、位置数据、移动速度、定位类型、动作附加指令等。

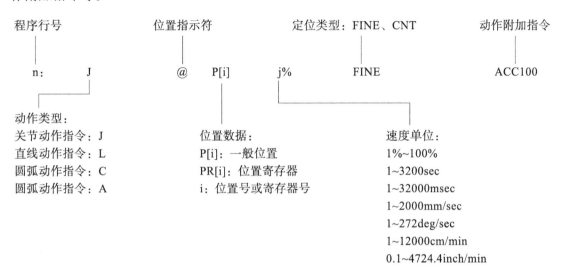

```
程序行号          位置指示符        定位类型：FINE、CNT      动作附加指令

  n:    J         @  P[i]      j%         FINE              ACC100


动作类型：                    位置数据：                  速度单位：
关节动作指令：J               P[i]：一般位置              1%~100%
直线动作指令：L               PR[i]：位置寄存器           1~3200sec
圆弧动作指令：C               i：位置号或寄存器号         1~32000msec
圆弧动作指令：A                                          1~2000mm/sec
                                                        1~272deg/sec
                                                        1~12000cm/min
                                                        0.1~4724.4inch/min
```

（1）动作类型

FANUC 工业机器人的动作类型有不进行轨迹控制 / 姿态控制的关节动作指令（J）、进行轨迹控制 / 姿势控制的直线动作指令（包含旋转移动）（L）、圆弧动作指令（C）以及圆弧动作指令（A）。

1）关节动作指令 J。关节运动是指将工业机器人移动到指定位置的基本移动方法，工业机器人沿着所有轴同时加速，在示教速度下移动，然后同时减速，最后停止，通常移动轨迹为非线性。关节移动速度的指定从 %（相对最大移动速度的百分比）、sec、msec 中选择。移动中工具姿势不受控制，如图 4-2-1 所示。

2）直线动作指令 L。直线运动是指以线性方式对从开始点到目标点的工具中心点移动轨迹进行控制的一种移动方法，直线移动速度的单位为 mm/sec、cm/min、inch/min、sec。直线动作中工具的姿势可以受到控制，如图 4-2-2 所示。

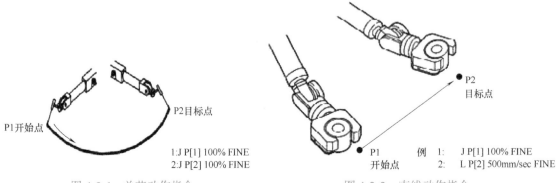

```
P1开始点              P2目标点                              P2
                                                         目标点

                     1:J P[1] 100% FINE         P1      例  1:   J P[1] 100% FINE
                     2:J P[2] 100% FINE         开始点      2:   L P[2] 500mm/sec FINE
```

图 4-2-1 关节动作指令   图 4-2-2 直线动作指令

3）圆弧动作指令 C。圆弧动作是指从动作开始点通过经过点到目标点以圆弧方式对工具中心点移动轨迹进行控制的移动方法，在经过点和目标点进行示教，圆弧移动速度从 mm/sec、cm/min、inch/min、sec、msec 中选择，将开始点、经过点、目标点的姿势进行分割后对移动中的工具姿势进行控制，如图 4-2-3 所示。

4）圆弧动作指令 A。在圆弧动作指令中，用户需要在 1 行中对经过点和目标点的 2 个位置进行示教，而在 A 圆弧动作指令中 1 行只示教 1 个位置，连续的 3 个 A 圆弧指令生成圆弧的同时进行圆弧动作，如图 4-2-4 所示。

A 圆弧动作指令与圆弧动作指令相比有如下几个优点：

① 可方便地对圆弧上的示教点进行追加和删除。

② 可以在圆弧动作的经过点和目标点进行速度指定和 CNT。

③ 可以在经过点和目标点之间示教逻辑指令（可示教的逻辑指令受到限制）。

（2）位置数据

工业机器人在对动作类型进行示教时，位置数据同时被写入程序，位置数据包括基于关节坐标系的关节坐标值（如图 4-2-5 所示）和通过作业空间内的工具位置和姿势来表示的直角坐标值（如图 4-2-6 所示）。标准设定下将直角坐标值作为位置数据使用。

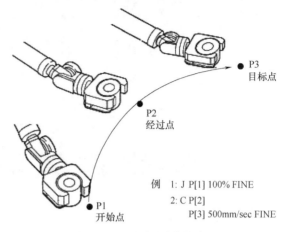

例　1: J P[1] 100% FINE
　　2: C P[2]
　　　P[3] 500mm/sec FINE

图 4-2-3　C 圆弧动作指令

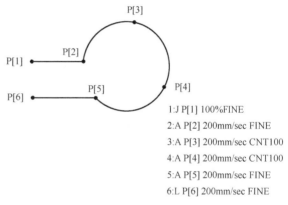

1:J P[1] 100%FINE

2:A P[2] 200mm/sec FINE

3:A P[3] 200mm/sec CNT100

4:A P[4] 200mm/sec CNT100

5:A P[5] 200mm/sec FINE

6:L P[6] 200mm/sec FINE

图 4-2-4　A 圆弧动作指令

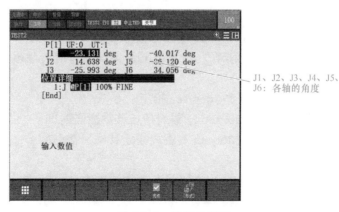

J1、J2、J3、J4、J5、J6：各轴的角度

图 4-2-5　关节坐标值

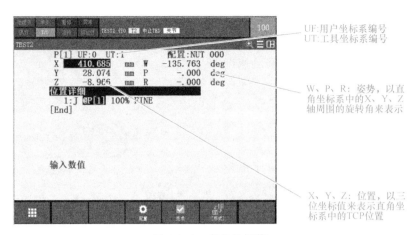

UF:用户坐标系编号
UT:工具坐标系编号

W、P、R：姿势，以直角坐标系中的X、Y、Z轴周围的旋转角来表示

X、Y、Z：位置，以三位坐标值来表示直角坐标系中的TCP位置

图 4-2-6　直角坐标值

（3）移动速度

在移动速度运动指令中指定工业机器人的移动速度。在程序执行中，工业机器人的移动速度受到速度倍率的限制，速度倍率值的范围为 1%~100%，移动速度的单位由于动作类型的不同而不同。

1）J P［1］50% FINE。当动作类型为关节运动时，按如下方式指定：

① 在 1%~100% 的范围内指定相对最大移动速度的比率。

② 当单位为 sec 时，在 0.1~3200sec 范围内指定移动所需时间，在移动时间较为重要的情况下进行指定。此外，有的情况下不能按照指定时间进行动作。

③ 当单位为 msec 时，在 1~32000msec 范围内指定移动所需时间。

2）L P［1］100mm/sec FINE

　　　　C P［1］

　　　　　　P［2］100mm/sec FINE

　　　　A P［1］100mm/sec FINE。

当动作类型为直线运动或圆弧运动时，按如下方式指定：

① 当单位为 mm/sec 时，在 1~2000 mm/sec 指定。

② 当单位为 cm/min 时，在 1~12000 cm/sec 指定。

③ 当单位为 inch/min 时，在 0.1~4724.4 inch/min 指定。

④ 当单位为 sec 时，在 0.1~3200sec 范围内指定移动所需时间。

⑤ 当单位为 msec 时，在 1~32000sec 范围内指定移动所需时间。

3）L P［1］50deg/sec FINE。移动轨迹为在工具尖点附近旋转移动的情况下，按如下方式指定：

① 当单位为 deg/sec 时，在 1~272deg/sec 指定。

② 当单位为 sec 时，在 0.1~3200sec 范围内指定移动所需时间。

③ 当单位为 msec 时，在 1~32000sec 范围内指定移动所需时间。

（4）定位类型

根据定位类型定义动作指令中的工业机器人动作结束方法，标准情况下，定位类型有两种。

1）FINE 定位类型。根据 FINE 定位类型，工业机器人在目标位置停止（定位）后，向下一目标位置移动时，FINE 阻止了程序预读功能，如图 4-2-7 所示。

2）CNT 定位类型。根据 CNT 定位类型，工业机器人靠近目标位置，但是不在该位置停止而是向下一位置移动。工业机器人靠近目标位置的程度由 0~100 的值来定义，当指定值为 0 时，工业机器人在最靠近目标位置处运动，但是不在目标位置定位而是开始下一个运动，也就是说可以进行程序预读功能，如图 4-2-8 所示。

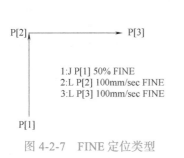

图 4-2-7　FINE 定位类型

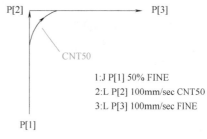

图 4-2-8　CNT 定位类型

（5）动作附加指令

动作附加指令是指在工业机器人动作中使其执行特定作业的指令，动作附加指令见表 4-2-1。

表 4-2-1　动作附加指令

动作修改　1/3		动作修改　2/3		动作修改　3/3	
1	无选项	1	工具偏移	1	视觉补偿，视觉寄存
2	ACC	2	Tool_Offset，PR	2	DO［］=…
3	Skip，LBL［］	3	之前时间	3	RO［］=…
4	中断	4	Skip，LBL，PR	4	GO［］=…
5	偏移/坐标系	5	之后时间	5	AO［］=…
6	偏移，PR［］	6	之前距离	6	路径
7	增量	7	视觉补偿		
8	—下页—	8	—下页—		

1）加减速倍率指令（ACC）。

　　J P［1］50% FINE ACC 80

加减速倍率指令是指定动作中的加减速所需时间的比率。它是一种从根本上延缓动作的功能，减小加减速倍率，加减时间将会延长（慢慢地进行加速/减速）；增大加减速倍率，加减时间将会缩短（快速地进行加速/减速），如图 4-2-9 所示。感觉动作非常慢，或需要缩短节拍时间时，请使用大于 100% 的值。注意：加速度倍率设定为 100% 以上时，有时会产生不灵活的运动和振动，一次电源瞬间有大的电流流过，所以设备电源的输入电压可能会下降，电源报警，或由于误差过大，伺服放大器的电压下降，导致伺服报警。当出现这些现象时，可以调低加减速倍率值，或删除加减速倍率指令。

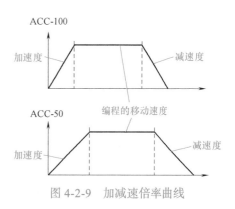

图 4-2-9　加减速倍率曲线

2）跳过指令（SKIP，LBL［i］）。

SKIP CONDITION［I/O］=［值］

J P［1］50% FINE

SKIP，LBL［1］，PR［10］= LPOS

跳过指令是指在跳过条件尚未满足的情况下跳到转移目的地标签行。工业机器人向目标位置移动过程中，当跳过条件满足时，工业机器人在中途取消动作，程序执行下一行的程序语句，当跳过条件尚未满足时，在结束工业机器人的动作后，跳到目的地标签行，如图 4-2-10 所示。

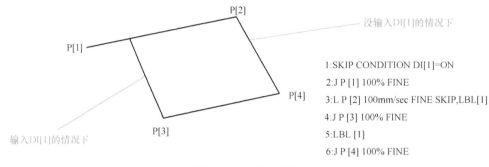

图 4-2-10　跳过指令

3）直接位置补偿指令（OFFSET PR［i］）。直接位置补偿指令是指忽略位置补偿条件中所指定的位置补偿条件，按照直接指定的位置寄存器进行偏移，如图 4-2-11 所示。

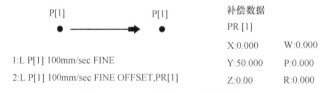

图 4-2-11　直接位置补偿指令

机器人动作指令
程序编写

2. 运动指令的示教和修改

（1）运动指令的示教

1）按下示教器上的［SELECT］（程序一览）键，进入程序一览界面，如图 4-2-12 所示。找到创建好的程序，按下示教器上的［ENTER］（确定）键，进入程序指令编辑界面，如图 4-2-13 所示。

2）按下示教器上的［F1］（点）键，如图 4-2-14 所示，可以示教两种动作指令。如果想要示教另外两种动作指令，可以再次按下示教器上的［F1］（标准）键，进入标准动作界面，如图 4-2-15 所示。移动光标到动作指令上，按下示教器上的［F4］（选择）键，选择所需要的动作指令，如图 4-2-16 所示。

3）修改完成以后，按下示教器上的［F1］（点）键，选择合适的动作指令进行示教，如图 4-2-17 所示。

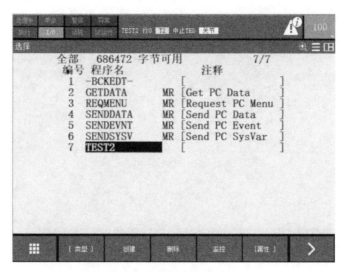

图 4-2-12 程序一览界面

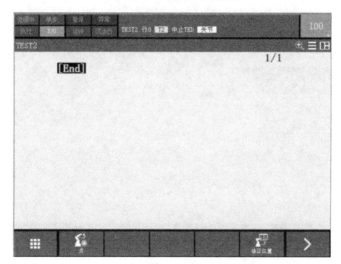

图 4-2-13 程序指令编辑界面

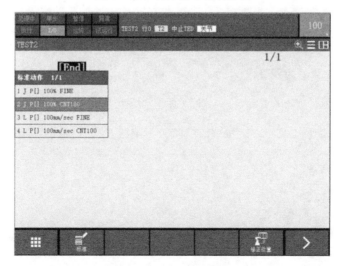

图 4-2-14 标准指令界面

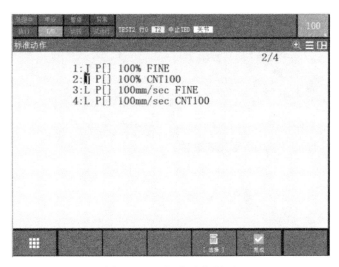

图 4-2-15　标准动作界面

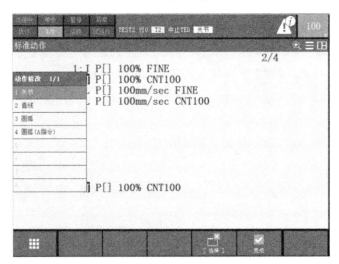

图 4-2-16　修改标准动作界面

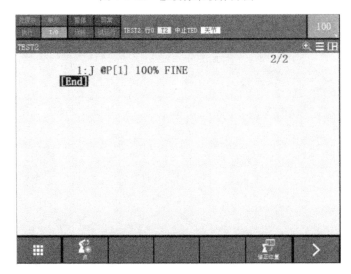

图 4-2-17　示教点位界面

（2）运动指令的修改

1）将光标移动到动作类型上可以修改动作类型，如图 4-2-18 所示。

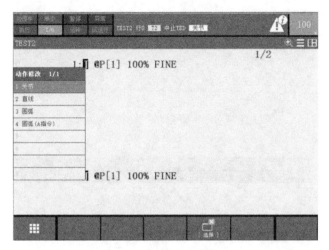

图 4-2-18　修改动作类型

2）将光标移动到位置数据上可以修改位置数据，按下示教器上的［F4］（选择）键，选择一般位置或位置寄存器，直接输入数字可以更改位置号，如图 4-2-19 所示。

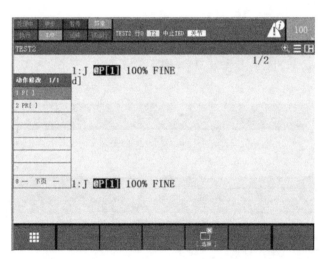

图 4-2-19　修改位置数据

3）将光标移动到移动速度上，按下示教器上的［F4］（选择）键，修改移动速度，如图 4-2-20 所示。

4）将光标移动到定位类型上，按下示教器上的［F4］（选择）键，修改定位类型，如图 4-2-21 所示。

5）将光标移动到定位类型后面空白处，按下示教器上的［F4］（选择）键，修改动作附加指令，如图 4-2-22 所示。

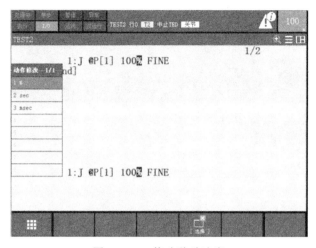

图 4-2-20　修改移动速度

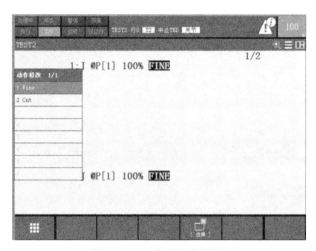

图 4-2-21　修改定位类型

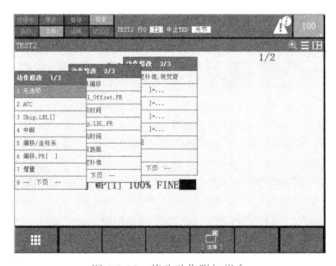

图 4-2-22　修改动作附加指令

3. 运动指令应用案例

涂胶轨迹运动编程题目要求：从 HOME 点出发到达涂胶轨迹的起始点，工具 TCP 始终位于涂胶轨迹中心线，走完整条轨迹，然后返回 HOME 点，涂胶过程中除了接近点和离开点外其他路径运行速度设置为 0.2m/s。涂胶轨迹如图 4-2-23 所示（HOME 点关节角度为 0，0，0，0，−90，0）。

程序指令见表 4-2-2。

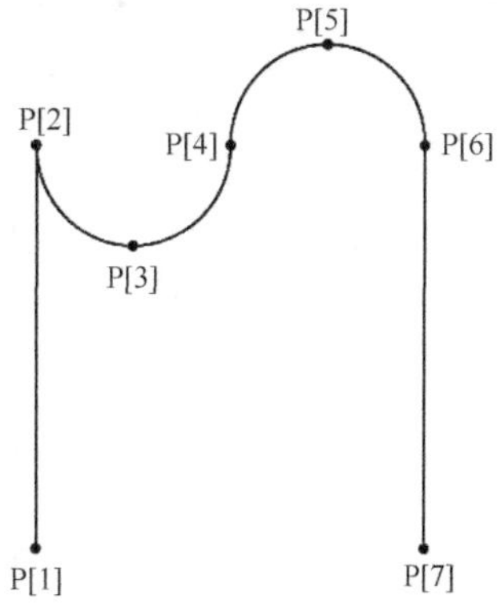

图 4-2-23　涂胶轨迹

任务实施

参考工业机器人运动指令程序编写视频及操作步骤，练习工业机器人运动指令的创建，并根据实际需求进行修改。

表 4-2-2　程序指令

程序行	指令	注释
1	J PR [1] 100% FINE	PR [1] 为 HOME 点位置寄存器，为了安全，程序开头先回 HOME 点
2	J P [1] 100% FINE	从 HOME 点以 100% 速度，关节运动到 P1
3	L P [2] 200mm/sec FINE	从 P1 点以 200mm/s 速度，直线运动到 P2
4	C P [3] P [4] 200mm/sec FINE	从 P2 点以 200mm/s 速度经过 P3，圆弧运动到 P4
5	A P [4] 200mm/sec FINE	机器人根据连续的 3 个 C 圆弧指令来生成圆弧
6	A P [5] 200mm/sec FINE	从 P4 点以 200mm/s 速度，圆弧运动到 P5
7	A P [6] 200mm/sec FINE	从 P5 点以 200mm/s 速度，圆弧运动到 P6
8	L P [7] 200mm/sec FINE	从 P6 点以 200mm/s 速度，直线运动到 P7
9	J PR [1] 100% FINE	从 P7 点以 100% 速度，关节运动到 HOME 点

1. 工业机器人运动指令示教的操作步骤

1）［SELECT］（程序一览）键 ⟹ 找到需要编辑的程序 ⟹ ［ENTER］键。

2）［F1］（点）键 ⟹ 选择合适的运动指令 ⟹ ［ENTER］键。

2. 工业机器人运动指令修改的操作步骤

将光标移到需要修改的内容上 ⟹ ［F4］（选择）键 ⟹ 选择需要修改的内容 ⟹ ［ENTER］键。

3. 对动作指令应用案例进行示教编程

1）将移动机器人到涂胶轨迹点上 ⟹ ［F1］（点）键 ⟹ 选择合适的运动指令 ⟹ ［ENTER］键。

2）重复第一步直至示教完轨迹上所有点。

任务评价

参考表 4-2-3 工业机器人运动指令的示教与修改任务评价表，对完成度进行评价，并根据学生完成的实际情况进行总结。

表 4-2-3 工业机器人运动指令的示教与修改任务评价表

评价项目		评价要求	评分标准	分值	得分
任务内容	编写涂胶图案	规范操作	过程性评分，步骤正确、动作规范	35 分	
		精准度	工业机器人 TCP 点始终位于涂胶轨迹中心线	35 分	
安全文明生产	设备	保证设备安全	1. 每损坏设备 1 处扣 1 分 2. 人为损坏设备扣 10 分	15 分	
	人身	保证人身安全	否决项，发生皮肤损伤、触电、电弧灼伤等，本次任务不得分		
	文明生产	劳动保护用品穿戴整齐、遵守各项安全操作规程、实训结束要清理现场	1. 违反安全文明生产考核要求的任何一项，扣 1 分 2. 当教师发现有重大人身事故隐患时，要立即给予制止，并扣 10 分 3. 不穿工作服，不穿绝缘鞋，不得进入实训场地	15 分	
合计				100 分	

项目总结

本项目要求能理解工业机器人寄存器指令和运动指令，能创建程序和示教相关的运动指令，能根据不同的需求修改相关的运动指令。

项目评测

一、填空题

1. FANUC 工业机器人中运动类型可为_____、_____、_____、_____。

2. FANUC 工业机器人程序名称不可以用_____、_____、_____作为程序名开始字母。

3. FANUC 工业机器人中用 C 圆弧指令创建圆弧最少需要_____个 C 圆弧指令。

二、简答题

1. 简述定位类型 CNT 的意义。

2. 简述定位类型 CNT0 和 FINE 的区别。

三、操作题

根据任务二中动作指令应用案例的题目要求，创建程序名为 tujiao 的程序，完成涂胶轨迹的编程。

项目五

工业机器人 I/O 接口的示教编程

> ## 项目描述

本项目主要学习工业机器人 I/O 操作、末端操作器的选择。通过本项目的学习，学生能够对工业机器人 I/O 进行分配、操作与编程，可以根据实际情况选择末端执行器。

任务一　工业机器人 I/O 操作

> ### 任务描述

对工业机器人数字 I/O 进行分配、操作与编程。

> ### 知识目标

了解工业机器人 I/O 的种类。

> ### 技能目标

会熟练分配数字 I/O 并对 I/O 进行操作及简单的示教编程。

> ### 知识准备

1. 工业机器人的 I/O

FANUC 工业机器人 I/O 种类有外围设备 I/O、操作面板 I/O、机器人 I/O、数字 I/O、组 I/O、模拟 I/O。

通用 I/O 包括如下种类。

1）数字 I/O：DI [i]/DO [i]。数字 I/O 分配界面如图 5-1-1 所示。

2）组 I/O：GI [i]/GO [i]。

3）模拟 I/O：AI [i]/AO [i]。

其中，[i] 表示信号号码和组号码的逻辑号码。

专用 I/O（用途已经确定的 I/O）包括如下种类：

1）外围设备（UOP）I/O：UI [i]/UO [i]。

2）操作面板（SOP）I/O：SI [i]/SO [i]。

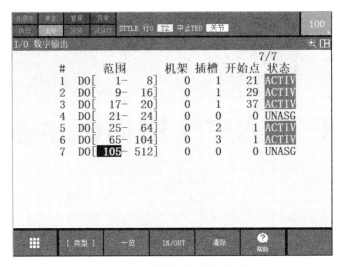

图 5-1-1　数字 I/O 分配界面

3）机器人 I/O：RI［i］/RO［i］。

（1）RACK（机架）定义模块种类

机架用于定义 I/O 模块的种类。

1）0：处理 I/O 印制电路板、I/O 连接设备连接单元。

2）1~16：I/O Unit-MODEL A/B。

3）32：I/O 连接设备从机接口。

4）48：R-30iB Mate 的主板（CRMA15，CRMA16）。

5）102：Profinet 板卡。

（2）SLOT（插槽）定义模块数量序号

插槽用于指定构成机架的 I/O 模块部件的号码。

1）使用处理 I/O 印制电路板、I/O 连接设备连接单元时，按连接的顺序为插槽 1、2……

2）使用 I/O Unit-MODEL A 时，安装有 I/O 模块的基本单元的插槽编号为该模块的插槽值。

3）使用 I/O Unit-MODEL B 时，通过基本单元的 DIP 开关设定的单元编号，即为该基本单元的插槽值。

4）I/O 连接设备从机接口、R-30iB Mate 的主板（CRMA15，CRMA16）时，该值始终为 1。

（3）开始点的物理 I/O 点分配给逻辑 I/O 点

为了在工业机器人控制装置上对 I/O 信号线进行控制，必须建立物理信号和逻辑信号的关联。将建立这一关联称作 I/O 分配。

开始点为进行信号线的映射而将物理号码分配给逻辑号码，指定该分配的最初的物理号码。

（4）状态

1）ACTIV：当前正使用该分配。

2）PEND：已正确分配。重新通电时成为 ACTIV。

3）INVAL：设定有误。

4）UNASG：尚未被分配。

2. 分配工业机器人数字 I/O

分配工业机器人 I/O 信号，这里以数字信号为例来介绍。

分配工业机器
人数字 I/O

1）按下示教器上的［MENU］(菜单）键，选择"5 I/O→3 数字"，然后按下示教器上的［ENTER］(确定）键，如图 5-1-2 所示。

2）进入 I/O 界面，然后选择分配，按下示教器上的［F2］(分配）键，进入 I/O 分配界面，如图 5-1-3 所示。

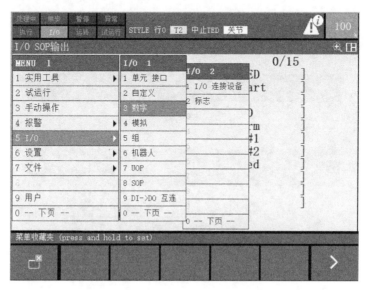

图 5-1-2　进入 I/O 界面

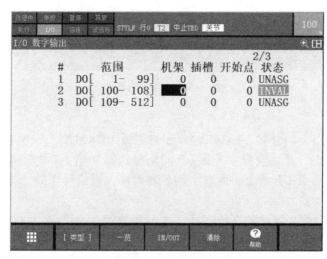

图 5-1-3　I/O 分配界面

3）以 R-30iB Mate 的主板（CRMA15，CRMA16）为例输入机架号为 48，如图 5-1-4 所示。

4）以 R-30iB Mate 的主板（CRMA15，CRMA16）为例，输入插槽号为 1，界面如图 5-1-5 所示。

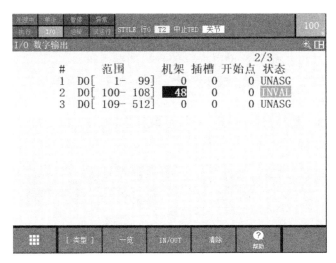

图 5-1-4　机架号分配界面

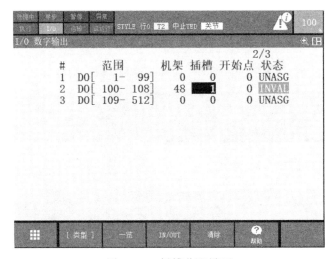

图 5-1-5　插槽分配界面

5）进行"开始点"的分配，R-30iB Mate 的主板（CRMA15，CRMA16）总共为 28 个输入点和 24 个输出点，开始点为 I/O 设备起始信号位，如图 5-1-6 所示。

6）输入 I/O 的范围和开始点，两者个数需要对应，重启后生效，如图 5-1-7 所示。

3. 手动控制数字 I/O

1）在 I/O 界面中将光标移动至状态栏，按下示教器上的［F4］（ON）或［F5］（OFF）键对信号进行手动控制，如图 5-1-8 所示。

2）在 I/O 界面中按下［F3］（IN/OUT）键，对输入输出界面进行切换，将光标移动至模拟栏，按下示教器上的［F4］（模拟）键，再将光标移至状态栏，按下示教器上的［F4］（ON）或［F5］（OFF）键，对信号进行手动模拟控制，如图 5-1-9 所示。一般情况下不对 DI 信号进行手动控制，因为 DI 信号为外部传感器的反馈信号。

4. 与 I/O 相关的指令

1）时间等待指令：主要用于信号输入和输出因为外围设备的反馈和响应有短暂时间差

而添加等待时间，可以使程序运行更加平稳。

WAIT 0.00（sec）

└─── 等待的时间单位为 s

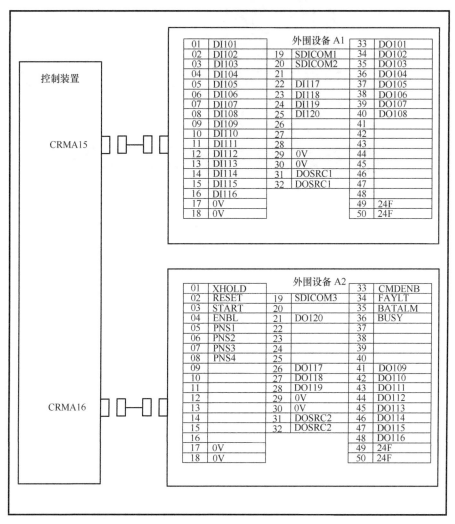

图 5-1-6　地址定义界面

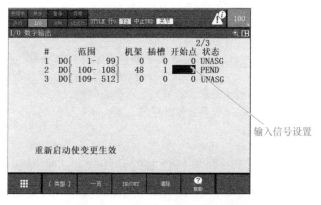

图 5-1-7　分配范围和开始点界面

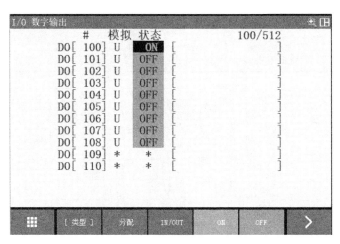

图 5-1-8 手动控制输出 I/O 界面

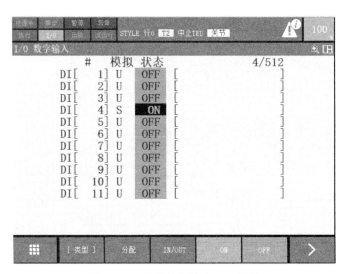

图 5-1-9 手动控制输入 I/O 界面

2）数字信号输出指令：用于将数字输出信号输出为"1"（高电平）或"0"（低电平），也可以指定一个时间脉冲信号或数值寄存器。

$$DO[\ ...\ ]=...$$

　　　　　└── 指定输出的状态可以是脉冲或高低
　　　　　　　　电平，也可以是数值寄存器
　　└── 指定输出的信号可以直接是常数，
　　　　也可以是数值寄存器

5. I/O 指令应用案例 1

工业机器人现需利用吸盘工具将原料盘上的元件吸起，装配到产品中，如图 5-1-10 所示。

```
 1. J P[1]100% FINE                              注:回到安全点位
 2. L P[2]1000mm/sec FINE Offset,PR[1]           注:到达CPU上方
 3. L P[2]100mm/sec FINE                         注:到达CPU
 4. WAIT.5(sec)                                  注:等待工业机器人稳定
 5. DO[100]=ON                                   注:接通电磁阀打开吸盘,吸取元件
 6. WAIT.5(sec)                                  注:等待工业机器人稳定
 7. L P[2]1000mm/sec FINE Offset,PR[1]           注:到达CPU上方
 8. L P[3]1000mm/sec FINE Offset,PR[1]           注:到达产品CPU上方
 9. L P[3]100mm/sec FINE                         注:到达产品CPU
10. WAIT.5(sec)                                  注:等待工业机器人稳定
11. DO[100]=OFF                                  注:断开电磁阀,关闭吸盘,放下元件
12. WAIT.5(sec)                                  注:等待工业机器人稳定
13. L P[3]1000mm/sec FINE Offset,PR[1]           注:到达产品CPU上方
14. L P[4]1000mm/sec FINE Offset,PR[1]           注:到达集成电路上方
15. L P[4]100mm/sec FINE                         注:到达集成电路
16. WAIT.5(sec)                                  注:等待工业机器人稳定
17. DO[100]=ON                                   注:接通电磁阀,打开吸盘,吸取元件
18. WAIT.5(sec)                                  注:等待工业机器人稳定
19. L P[4]1000mm/sec FINE Offset,PR[1]           注:到达集成电路上方
20. L P[5]1000mm/sec FINE Offset,PR[1]           注:到达产品集成电路上方
21. L P[5]100mm/sec FINE                         注:到达产品集成电路
22. WAIT.5(sec)                                  注:等待工业机器人稳定
23. DO[100]=OFF                                  注:断开电磁阀,关闭吸盘,放下元件
24. WAIT.5(sec)                                  注:等待工业机器人稳定
25. L P[5]1000mm/sec FINE Offset,PR[1]           注:到达产品集成电路上方
26. L P[6]1000mm/sec FINE Offset,PR[1]           注:到达电容上方
27. L P[6]100mm/sec FINE                         注:到达电容
28. WAIT.5(sec)                                  注:等待工业机器人稳定
29. DO[100]=ON                                   注:接通电磁阀,打开吸盘,吸取元件
30. WAIT.5(sec)                                  注:等待工业机器人稳定
31. L P[6]1000mm/sec FINE Offset,PR[1]           注:到达电容上方
32. L P[7]1000mm/sec FINE Offset,PR[1]           注:到达产品电容上方
33. L P[7]100mm/sec FINE                         注:到达产品电容
34. WAIT.5(sec)                                  注:等待工业机器人稳定
35. DO[100]=OFF                                  注:断开电磁阀,关闭吸盘,放下元件
36. WAIT.5(sec)                                  注:等待工业机器人稳定
37. L P[7]1000mm/sec FINE Offset,PR[1]           注:到达产品电容上方
38. L P[8]1000mm/sec FINE Offset,PR[1]           注:到达晶体管上方
39. L P[8]100mm/sec FINE                         注:到达晶体管
40. WAIT.5(sec)                                  注:等待工业机器人稳定
41. DO[100]=ON                                   注:接通电磁阀,打开吸盘,吸取元件
42. WAIT.5(sec)                                  注:等待工业机器人稳定
43. L P[8]1000mm/sec FINE Offset,PR[1]           注:到达晶体管上方
44. L P[9]1000mm/sec FINE Offset,PR[1]           注:到达产品晶体管上方
45. L P[9]100mm/sec FINE                         注:到达产品晶体管
46. WAIT.5(sec)                                  注:等待工业机器人稳定
47. DO[100]=OFF                                  注:断开电磁阀,关闭吸盘,放下元件
48. WAIT.5(sec)                                  注:等待工业机器人稳定
49. L P[9]1000mm/sec FINE Offset,PR[1]           注:到达产品晶体管上方
50. J P[1]100% FINE                              注:回到安全点位
```

6. I/O 指令应用案例 2

工业机器人现需将传送带上物料搬运至摆放盘，如图 5-1-11 所示。

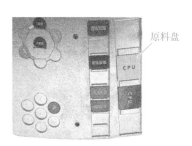

原料盘

装配产品

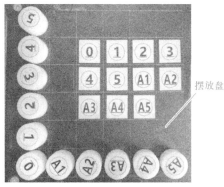

摆放盘

图 5-1-10   装配界面　　　　　　　　图 5-1-11   搬运界面

1. J P[1]100% FINE	注:回到安全点位
2. L P[2]1000mm/sec FINE Offset,PR[1]	注:到达到位传感器上方
3. WAIT DI[1]=ON	注:等待物料到位信号
4. L P[2]100mm/sec FINE	注:到达物料
5. WAIT. 5(sec)	注:等待工业机器人稳定
6. DO[100]=ON	注:接通电磁阀,打开吸盘,吸取元件
7. WAIT. 5(sec)	注:等待工业机器人稳定
8. L P[2]1000mm/sec FINE Offset,PR[1]	注:回到到位传感器上方
9. L P[3]1000mm/sec FINE Offset,PR[1]	注:到达摆放盘上方
10. L P[3]100mm/sec FINE	注:到达摆放位
11. WAIT. 5(sec)	注:等待工业机器人稳定
12. DO[100]=OFF	注:断开电磁阀,关闭吸盘,放下元件
13. WAIT. 5(sec)	注:等待工业机器人稳定
14. L P[3]1000mm/sec FINE Offset,PR[1]	注:回到摆放盘上方
15. P[1]100% FINE	注:回到安全点位

▶ 任务实施

参考分配工业机器人数字 I/O 视频及操作步骤，练习分配数字 I/O，并对分配的数字 I/O 进行手动控制。

1. 分配数字 I/O 的操作步骤

1)［MENU］（菜单）键 ⟹ I/O ⟹ 数字 ⟹［ENTER］键。

2）切换为输出信号 ⟹［F2］（分配）键 ⟹ 输入机架号 ⟹［ENTER］键。

3）输入插槽号 ⟹［ENTER］键。

4）输入范围 ⟹ 开始点 ⟹ ENTER。

2. 手动控制数字 I/O 的操作步骤

1)［MENU］（菜单）键 ⟹ I/O ⟹ 数字 ⟹［ENTER］键。

2）切换为输出信号 ⟹ 移至状态栏 ⟹［F4］（ON）键或［F5］（OFF）键。

3）切换为输入信号 ⟹ 移至模拟栏 ⟹［F4］（模拟）键 ⟹ 移至状态栏 ⟹［F4］（ON）键或［F5］（OFF）键。

3. 对 I/O 指令应用案例 1 进行示教编程

1）工业机器人移至 CPU 上方 ⟹ 抓取物件 ⟹ 工业机器人回到 CPU 上方。

2）工业机器人移至产品 CPU 上方 ⟹ 放下物件 ⟹ 工业机器人回到产品 CPU 上方。

4. 对 I/O 指令应用案例 2 进行示教编程

1）工业机器人移至传感器上方 ⟹ 等待物料 ⟹ 抓取物料 ⟹ 工业机器人回到到位传感器上方。

2）工业机器人移至摆放盘上方 ⟹ 放下物料 ⟹ 工业机器人回到摆放盘上方。

任务评价

参考表 5-1-1 工业机器人 I/O 操作任务评价表，对 I/O 的分配和控制进行评价，并根据学生完成的实际情况进行总结。

表 5-1-1　工业机器人 I/O 操作任务评价表

	评价项目	评价要求	评分标准	分值	得分
任务内容	分配数字 I/O	规范操作	过程性评分，步骤正确、操作规范	20 分	
	控制数字 I/O	能够手动控制 I/O	结果性评分，能够手动控制 I/O、操作规范	15 分	
		能够指令控制 I/O	结果性评分，能够用指令控制 I/O，否则不得分	15 分	
	对案例 1 进行编程	程序能过实现控制功能	结果性评分，能够正常运行和控制，否则不得分	15 分	
	对案例 2 进行编程	程序能过实现控制功能	结果性评分，能够正常运行和控制，否则不得分	15 分	
安全文明生产	设备	保证设备安全	1. 每损坏设备 1 处扣 1 分 2. 人为损坏设备扣 10 分	10 分	
	人身	保证人身安全	否决项，发生皮肤损伤、触电、电弧灼伤等，本次任务不得分		
	文明生产	劳动保护用品穿戴整齐、遵守各项安全操作规程、实训结束要清理现场	1. 违反安全文明生产考核要求的任何一项，扣 1 分 2. 当教师发现考生学生有重大人身事故隐患时，要立即给予制止，并扣 10 分 3. 不穿工作服，不穿绝缘鞋，不得进入实训场地	10 分	
合计				100 分	

任务二　工业机器人末端执行器的安装与使用

任务描述

对工业机器人末端执行器进行安装及示教编程。

知识目标

熟悉工业机器人末端执行器。

技能目标

会使用机器人末端执行器。

知识准备

1. 工业机器人末端执行器的种类

工业机器人的手部也称末端执行器，它是装在工业机器人手腕上，直接抓握工件或执行作业的部件。对于整个工业机器人来说，手部是完成作业工艺、作业柔性优劣的关键部件之一。工业机器人的手部可以像人手那样具有手指，也可以不具有手指；可以是类似人的手爪，也可以是进行专业作业的工具，例如装在工业机器人手腕上的手爪、吸盘、焊枪等。

（1）手爪

手爪的作用是抓住和释放工件。主要用气动、液压、电动、电磁等方式来驱动手爪的开合。目前气动手爪得到广泛的应用，其优点是机械结构简单、成本低、开合速度快；其缺点是由于空气的压缩性，使夹合位置控制比较复杂。电动手爪的控制与工业机器人共用一个系统，但是夹紧力比气动和液压手爪小，相比而言开合时间稍长。图 5-2-1 所示为气动手爪。

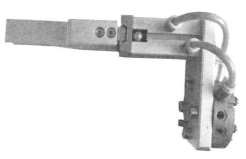

图 5-2-1　气动手爪

（2）真空吸盘

真空吸盘主要运用在搬运体积大、质量轻的物体上，如汽车壳体等零件；也广泛应用于易碎物体的搬运中，如玻璃等。真空吸盘对于工件的表面要求较高，要求平整光滑、干燥洁净、气密性好。按真空原理真空吸盘可以分为真空吸盘、气流负压吸盘和挤气负压吸盘 3 类，其中气流负压吸盘使用较为广泛。图 5-2-2 为真空吸盘。

2. 工业机器人末端执行器的固定方式

工业机器人末端执行器的固定方式有螺钉固定式和快换式两种。

（1）螺钉固定式

无需在工业机器人末端添加快换工装，直接用螺钉将工具固定，

末端执行器的安装

适用于简易、工具单一的加工，如图 5-2-3 所示。

图 5-2-2　真空吸盘

图 5-2-3　螺钉固定式

（2）快换式

需在工业机器人末端添加快换工装来进行工具的自动更换，适用于要求繁琐、切换工具的加工，如图 5-2-4 所示。

3. 工业机器人末端执行器的使用

1）气动手爪拥有两处进气口以控制手爪内部的气缸，当进气口 1 进气时，气缸顶出，手爪张开；当进气口 2 进气时，气缸缩回，手爪闭合，如图 5-2-5 所示。

图 5-2-4　快换式

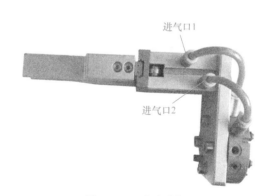

图 5-2-5　手爪进气口

2）利用快换式将末端执行器固定在工业机器人末端，如图 5-2-6 所示。

3）将末端执行器安装后，打开数字 I/O 界面，选择控制快换的 I/O 信号，如图 5-2-7 所示。

4）打开数字 I/O 界面，选择控制手爪的 I/O 信号，如图 5-2-8 所示。

4. 与末端执行器相关的指令

（1）程序调用指令

程序中多次使用且都相同的程序可以进行单独编程进行调用。

CALL　...
　　　　　└── 调用程序的名称

图 5-2-6　末端执行器的安装

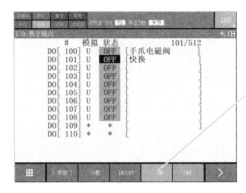

按下[F4](ON)键，电磁阀通电快换顶出，卡住工具；按下[F5]（OFF）键，电磁阀断电快换缩回，松开工具

图 5-2-7　选择控制快换的 I/O 信号

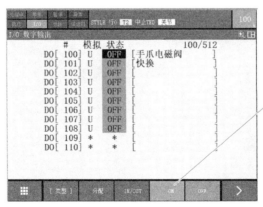

按下[F4](ON)键，电磁阀通电，手爪气缸顶出，手爪张开；按下 [F5]（OFF）键，电磁阀断电，手爪气缸缩回，手爪闭合

图 5-2-8　选择控制手爪的 I/O 信号

（2）标签及跳转指令

单个程序在未满足要求前进行多次执行操作。

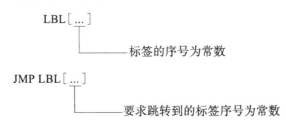

LBL[...]

标签的序号为常数

JMP LBL[...]

要求跳转到的标签序号为常数

（3）数字输入等待信号判断指令

用于判断数字输入信号的值是否与要求一致（一致继续往下执行，否则继续等待）。

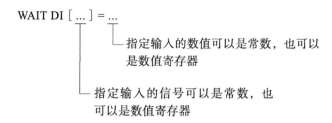

WAIT DI [...] = ...

指定输入的数值可以是常数，也可以是数值寄存器

指定输入的信号可以是常数，也可以是数值寄存器

5. 末端执行器自动更换案例

可把装卸工具程序单独编程以方便在程序中经常调用，将用到的指令如下：

（1）时间等待指令：WAIT 0.00（sec）

（2）程序调用指令：CALL...

（3）跳转指令：JMP LBL［...］

（4）装手爪程序：zsz（程序名）

```
1.J P[1]100% FINE                              注:回到安全点位
2.L P[2]1000mm/sec FINE Offset,PR[1]           注:到达手爪工具上方
3.L P[2]1000mm/sec FINE                        注:到达手爪工具
4.WAIT.5(sec)                                  注:等待工业机器人稳定
5.DO[101]=ON                                   注:接通电磁阀,快换顶出,卡住手爪
6.WAIT.5(sec)                                  注:等待工业机器人稳定
7.L P[2]1000mm/sec FINE Offset,PR[1]           注:抬起到达手爪工具上方
8.J P[1]100% FINE                              注:回到安全点位
```

（5）卸手爪程序：csz（程序名）

```
1.J P[1]100% FINE                              注:回到安全点位
2.L P[2]1000mm/sec FINE Offset,PR[1]           注:到达手爪工具上方
3.L P[2]1000mm/sec FINE                        注:到达手爪工具
4.WAIT.5(sec)                                  注:等待工业机器人稳定
5.DO[101]=OFF                                  注:断开电磁阀,快换缩回,松开手爪
6.WAIT.5(sec)                                  注:等待工业机器人稳定
7.L P[2]1000mm/sec FINE Offset,PR[1]           注:抬起到达手爪工具上方
8.J P[1]100% FINE                              注:回到安全点位
```

（6）装吸盘程序：zxp（程序名）

```
1.J P[1]100% FINE                              注:回到安全点位
2.L P[2]1000mm/sec FINE Offset,PR[1]           注:到达吸盘工具上方
3.L P[2]1000mm/sec FINE                        注:到达吸盘工具
4.WAIT.5(sec)                                  注:等待工业机器人稳定
5.DO[101]=ON                                   注:接通电磁阀,快换顶出,卡住吸盘
6.WAIT.5(sec)                                  注:等待工业机器人稳定
7.L P[2]1000mm/sec FINE Offset,PR[1]           注:抬起到达吸盘工具上方
8.J P[1]100% FINE                              注:回到安全点位
```

（7）卸吸盘程序：cxp（程序名）

```
1. J P[1]100% FINE                              注:回到安全点位
2. L P[2]1000mm/sec FINE Offset,PR[1]           注:到达吸盘工具上方
3. L P[2]1000mm/sec FINE                        注:到达吸盘工具
4. WAIT.5(sec)                                  注:等待工业机器人稳定
5. DO[101]=OFF                                  注:断开电磁阀,快换缩回,松开吸盘
6. WAIT.5(sec)                                  注:等待工业机器人稳定
7. L P[2]1000mm/sec FINE Offset,PR[1]           注:抬起到达吸盘工具上方
8. J P[1]100% FINE                              注:回到安全点位
```

（8）执行程序：zcx（程序名）

以工业机器人利用手爪抓取空箱，切换吸盘多次以吸取物料将空箱填满为例。

```
1. CALL zsz                                     注:安装手爪
2. L P[2]1000mm/sec FINE Offset,PR[1]           注:到达空箱上方
3. L P[2]100mm/sec FINE                         注:到达空箱
4. WAIT.5(sec)                                  注:等待工业机器人稳定
5. DO[100]=OFF                                  注:断开电磁阀,闭合手爪,抓取箱子
6. WAIT.5(sec)                                  注:等待工业机器人稳定
7. L P[2]1000mm/sec FINE Offset,PR[1]           注:到达空箱上方
8. L P[3]1000mm/sec FINE Offset,PR[1]           注:到达装配区上方
9. L P[3]100mm/sec FINE                         注:到达装配区
10. WAIT.5(sec)                                 注:等待工业机器人稳定
11. DO[100]=ON                                  注:接通电磁阀,打开手爪,放下箱子
12. WAIT.5(sec)                                 注:等待工业机器人稳定
13. L P[3]1000mm/sec FINE Offset,PR[1]          注:到达装配区上方
14. CALL csz                                    注:拆卸手爪
15. CALL zxp                                    注:安装吸盘
16. R[1]=0                                      注:清除记物料个数的寄存器
17. LBL[1]                                      注:跳转标签
18. L P[4]1000mm/sec FINE Offset,PR[1]          注:到达物料上方
19. L P[4]100mm/sec FINE                        注:到达物料
20. WAIT.5(sec)                                 注:等待工业机器人稳定
21. DO[102]=ON                                  注:接通电磁阀,吸取物料
22. WAIT.5(sec)                                 注:等待工业机器人稳定
23. L P[4]1000mm/sec FINE Offset,PR[1]          注:到达物料上方
24. L P[3]1000mm/sec FINE Offset,PR[1]          注:到达箱子上方
25. PR[2,3]=R[1]*200                            注:计算物料叠加的高度
26. L P[3]100mm/sec FINE Offset,PR[2]           注:到达箱子内
27. WAIT.5(sec)                                 注:等待工业机器人稳定
28. DO[100]=OFF                                 注:断开电磁阀,放下物料
29. WAIT.5(sec)                                 注:等待工业机器人稳定
30. L P[3]1000mm/sec FINE Offset,PR[1]          注:到达箱子上方
31. R[1]=R[1]+1                                 注:完成一次加一
32. IF R[1]<5 JMP LBL[1]                        注:如果箱子没装满,继续跳转LBL
                                                   [1]执行
33. CALL cxp                                    注:拆卸吸盘
34. CALL zsz                                    注:安装手爪
```

```
35. L P[3]1000mm/sec FINE Offset,PR[1]      注:到达装配区上方
36. L P[3]100mm/sec FINE                     注:到达箱子
37. WAIT.5(sec)                              注:等待工业机器人稳定
38. DO[100]=OFF                              注:断开电磁阀,闭合手爪,抓取箱子
39. WAIT.5(sec)                              注:等待工业机器人稳定
40. L P[3]1000mm/sec FINE Offset,PR[1]      注:到达装配区上方
41. L P[4]1000mm/sec FINE Offset,PR[1]      注:到达存放区上方
42. L P[4]100mm/sec FINE                     注:到达存放区
43. WAIT.5(sec)                              注:等待工业机器人稳定
44. DO[100]=ON                               注:接通电磁阀,打开手爪,放下箱子
45. WAIT.5(sec)                              注:等待工业机器人稳定
46. L P[4]1000mm/sec FINE Offset,PR[1]      注:到达存放区上方
47. CALL csz                                 注:拆卸手爪
```

任务实施

参考末端执行器的安装视频及操作步骤,练习末端执行器的安装,并对安装好的末端执行器进行检验。

1. 末端执行器的安装步骤

1)［MENU］(菜单)键 ⟹ I/O ⟹ 数字 ⟹［ENTER］键。

2)切换为输出信号 ⟹ 光标移至快换信号 ⟹［F4］(ON)键或［F5］(OFF)键。

3)将末端执行器连接气路 ⟹ 检查气路是否畅通或者漏气等情况。

2. 末端执行器的使用步骤

1)［MENU］(菜单)键 ⟹ I/O ⟹ 数字 ⟹［ENTER］键。

2)切换为输出信号 ⟹ 光标移至手爪打开或者关闭信号 ⟹［F4］(ON)键或［F5］(OFF)键。

3. 对自动更换末端执行器的案例进行示教编程

创建装卸手爪程序 ⟹ 创建装卸吸盘程序 ⟹ 创建加工执行程序 ⟹ 在加工程序中调用装卸末端执行器程序 ⟹ 对程序进行调试。

任务评价

参考表5-2-1工业机器人末端执行器的安装与使用任务评价表,对安装和使用末端执行器进行评价,并根据学生完成的实际情况进行总结。

表5-2-1 工业机器人末端执行器的安装与使用任务评价表

	评价项目	评价要求	评分标准	分值	得分
任务内容	安装末端执行器	规范操作	过程性评分,步骤正确、动作规范	20分	
	检验末端执行器	规范操作	结果性评分,手爪开闭正常准确、动作规范	20分	
	自动更换末端执行器编程	能够依靠程序更换末端执行器	结果性评分,自动更换末端执行器、动作规范	40分	

（续）

评价项目		评价要求	评分标准	分值	得分
安全文明生产	设备	保证设备安全	1. 每损坏设备 1 处扣 1 分 2. 人为损坏设备扣 10 分	10 分	
	人身	保证人身安全	否决项，发生皮肤损伤、触电、电弧灼伤等，本次任务不得分		
	文明生产	劳动保护用品穿戴整齐、遵守各项安全操作规程、实训结束要清理现场	1. 违反安全文明生产考核要求的任何一项，扣 1 分 2. 当教师发现有重大人身事故隐患时，要立即给予制止，并扣 10 分 3. 不穿工作服，不穿绝缘鞋，不得进入实训场地	10 分	
合计				100 分	

项目总结

本项目要求能使用指令控制 I/O 和末端执行器，能分配数字 I/O，能进行末端执行器的安装和调试。

项目评测

一、填空题

1. FANUC 工业机器人中末端执行器的固定方式有＿＿＿＿＿、＿＿＿＿＿。
2. FANUC 工业机器人基本的末端执行器有＿＿＿＿＿、＿＿＿＿＿。

二、简答题

1. 简述 FANUC 工业机器人 I/O 的种类。
2. 简述吸盘类末端执行器的类型。

三、操作题

1. 用数字 I/O 控制吸盘将元件吸取和放下。
2. 能够等待元件到位后进行精确抓取操作。
3. 对 I/O 指令应用案例进行编程调试。
4. 对末端执行器自动更换进行编程调试。

项目六

工业机器人典型应用的示教编程

> **项目描述**

本项目主要学习工业机器人在实际应用过程中用到的逻辑思路以及编程的规范。通过涂装、搬运、装配、码垛等典型应用案例的示教与编程，最终达到学生会使用工业机器人完成四种实际应用的示教以及编程的要求。

任务一 搬运程序的编写

> **任务描述**

了解什么是工业机器人搬运工艺，如何编写工业机器人的搬运程序。

> **知识目标**

了解工业机器人过渡点的使用；
了解工业机器人位置补偿命令的使用；
了解工业机器人搬运工艺。

> **技能目标**

会熟练编写工业机器人的搬运程序。

> **知识准备**

1. 搬运机器人

搬运机器人是可以进行自动化搬运作业的工业机器人。搬运作业是指用一种设备握持工件，从一个加工位置移到另一个加工位置。搬运机器人可安装不同的末端执行器以完成各种不同形状和状态的工件的搬运。目前，搬运机器人被广泛运用在各类自动化生产线中，如图 6-1-1 所示。

2. 过渡点

工业机器人在搬运的过程中，一般需设立过渡点，来避免物料与其他的设备或物件产生摩擦或撞击，如图 6-1-2 所示。

图 6-1-1　工业机器人搬运

3. 位置补偿命令

过渡点一般可使用示教器直接进行示教建立，在知道目标位置干涉距离的情况下，可以直接使用位置补偿指令进行坐标的偏移，从而省去示教的步骤，使工业机器人的编程更加简单方便。

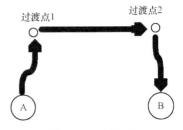

图 6-1-2　过渡点

（1）直接位置补偿指令

1）直接位置补偿指令为

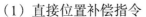

J P[1]50% FINE OFFSET,PR[1]

直接位置补偿指令是指忽略位置补偿条件指令中所指定的位置补偿条件，按照直接指定的位置寄存器值进行偏移。如图 6-1-3 所示，在使用过程中可以通过修改 PR[1] 内的值进行位置的偏移。

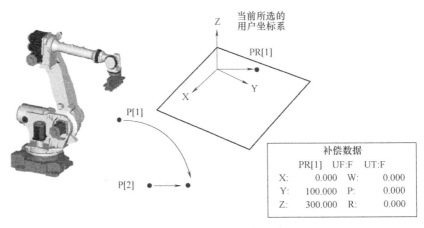

图 6-1-3　直接位置补偿指令

2）直接位置补偿指令的建立如图 6-1-4 所示。

图 6-1-4　直接位置补偿指令的建立

3）程序示例。

例1：位置补偿指令使用。

```
1:OFFSET CONDITION  PR［1］
2:J  P［1］100% FINE
3:L  P［2］500mm/sec FINE Offset
```

例2：直接位置补偿指令使用。

```
1:J  P［1］100% FINE
2:L  P［2］500mm/sec FINE Offset,PR［1］
```

（2）直接工具补偿指令

1）直接工具补偿指令为

```
                J  P［1］50% FINE  TOOL_OFFSET,PR［2］
```

直接工具补偿指令是指忽略工具补偿条件指令中所指定的工具补偿条件，按照直接指定的位置寄存器值进行偏移。直接工具补偿指令如图6-1-5所示，可修改补偿数据PR［1］中的值，直接进行以工具坐标系为基准的偏移。

2）直接工具补偿指令的建立如图6-1-6所示。

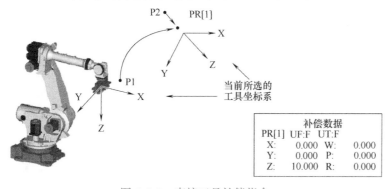

图 6-1-5　直接工具补偿指令

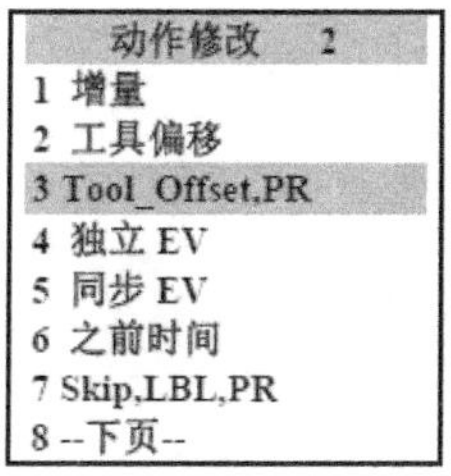

图 6-1-6　直接工具
补偿指令的建立

3）程序示例。

例1：工具补偿指令使用。

```
1:TOOL_OFFSET CONDITION PR［2］
2:J  P［1］100% FINE
3:L  P［2］500mm/sec FINE Tool_Offset
```

例 2：直接工具补偿指令使用。

```
1:J  P[1]100% FINE
2:L  P[2]500mm/sec FINE Tool_Offset,PR[1]
```

（3）增量指令

1）增量指令为

```
                J  P[1]50% FINE INC
```

增量指令将位置数据中所记录的值作为来自当前位置的增量移动量而使工业机器人移动，这意味着位置数据中已经记录有来自当前位置的增量移动量。增量指令如图 6-1-7 所示。

2）增量指令的建立如图 6-1-8 所示。

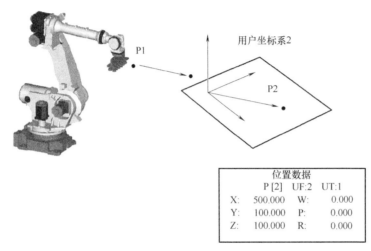

位置数据			
P[2]	UF:2	UT:1	
X:	500.000	W:	0.000
Y:	100.000	P:	0.000
Z:	100.000	R:	0.000

图 6-1-7　增量指令

```
       动作修改    2
1 增量
2 工具偏移
3 Tool_Offset,PR
4 独立 EV
5 同步 EV
6 之前时间
7 Skip,LBL,PR
8 --下页--
```

图 6-1-8　增量指令的建立

3）程序示例。

例：增量指令使用。

```
1:J  P[1]100% FINE
2:L  P[2]500mm/sec FINE INC
```

▶ 任务实施

参考工业机器人搬运工艺步骤，练习工业机器人搬运程序的编写与调试。

工业机器人搬运工艺如图 6-1-9 所示，将流水线 A 上的物料通过工业机器人抓取到流水线 B。

1）工业机器人处于 HOME 位置 ➡ 移动到物料上方 ➡ 移动到物料抓取位置 ➡ 抓取物料 ➡ 工业机器人回到 HOME 位置。

2）工业机器人处于 HOME 位置 ➡ 移动到流水线

图 6-1-9　工业机器人搬运工艺

B 上方 ➡ 移动到物料放置位置 ➡ 放开物料 ➡ 工业机器人回到 HOME 位置。

任务评价

参考表 6-1-1 搬运程序的编写任务评价表，对工业机器人搬运程序的编写与调试进行评价，并根据学生完成的实际情况进行总结。

表 6-1-1　搬运程序的编写任务评价表

	评价项目	评价要求	评分标准	分值	得分
任务内容	搬运工艺程序的编写	规范操作	结果性评分，完整编写搬运工艺的程序，否则不得分	20 分	
	数据参数的修改	规范操作	结果性评分，能正确修改机器人的数据参数，否则不得分	20 分	
	位置示教	规范操作	过程性评分，步骤正确、动作规范	20 分	
	搬运工艺调试	精度	结果性评分，观察工业机器人是否能正确执行搬运工艺，否则不得分	20 分	
安全文明生产	设备	保证设备安全	1. 每损坏设备 1 处扣 1 分 2. 人为损坏设备扣 10 分	10 分	
	人身	保证人身安全	否决项，发生皮肤损伤、触电、电弧灼伤等，本次任务不得分		
	文明生产	劳动保护用品穿戴整齐、遵守各项安全操作规程、实训结束要清理现场	1. 违反安全文明生产考核要求的任何 1 项，扣 1 分 2. 当教师发现有重大人身事故隐患时，要立即给予制止，并扣 10 分 3. 不穿工作服，不穿绝缘鞋，不得进入实训场地	10 分	
合计				100 分	

任务二　装配程序的编写

任务描述

了解什么是工业机器人的装配工艺，以及如何编写工业机器人的装配程序。

知识目标

了解工业机器人与外部设备的信号配合；
了解工业机器人条件比较指令的使用；
了解工业机器人装配工艺。

技能目标

会熟练编写工业机器人的装配程序。

知识准备

1. 装配机器人

装配机器人是柔性自动化装配系统的核心设备，由工业机器人操作机、控制器、末端执行器和传感系统组成。末端执行器为适应不同的装配对象而设计成各种手爪和手腕等；传感系统用来获取装配机器人与环境和装配对象之间相互作用的信息。目前，装配机器人被广泛运用在机床上下料等各种场合，如图 6-2-1 所示。

图 6-2-1　装配机器人

2. 信号通信

工业机器人在进行装配工艺时，其本体的信号需要与外界的设备信号进行交互，形成输出与反馈，从而完成工业机器人的装配工作。在信号交互中，一般可采用输入与输出直接连接的方式来完成与外界设备的信号交互，如图 6-2-2 所示。也可使用工业机器人支持的通信协议进行交互。

3. 条件比较命令

工业机器人在装配过程中，可以使用条件比较命令来判断其他设备的信号，之后进行一定的动作。

（1）I/O 条件比较指令

指令结构为

IF（I/O）(算符)(值)(处理)

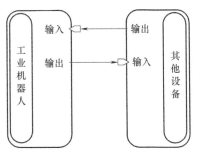

图 6-2-2　使用 I/O 信号直接连接

I/O 条件比较指令是将 I/O 的值和另外一方的值进行比较，若比较正确，就执行处理，如图 6-2-3 和图 6-2-4 所示。

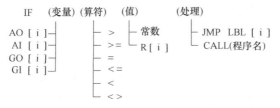

图 6-2-3　I/O 条件比较指令 1

例：

```
1:IF  GO[1]=GO[3],JMP LBL[1]
2:IF  AO[2]>= 3000,CALL SUBPRO1
3:IF  GI[R[2]]=100,CALL SUBRPO2
```

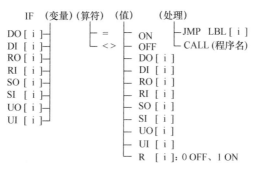

图 6-2-4　I/O 条件比较指令 2

例：

```
1:IF  RO[2]<> OFF,JMP LBL[1]
2:IF  DI[3]= ON,CALL  SUBPROGRAM
```

（2）寄存器条件比较指令
指令结构为

```
IF R[i](算符)(值)(处理)
```

寄存器条件比较指令是将寄存器的值和另外一方的值进行比较，若比较正确，就执行处理，如图 6-2-5 所示。

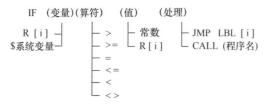

图 6-2-5　寄存器条件比较指令

例：

```
1:IF  R[1] = R[2],JMP LBL[1]
2:IF  R[1] > R[2],CALL  SUBPROGRAM
2:IF  R[1] = 100,JMP LBL[1]
```

（3）条件转移指令

条件转移指令可以在条件语句中使用逻辑算符（AND、OR），在一行中对多个条件进行示教。由此，可以简化程序的结构，有效地进行条件判断。

逻辑积（AND）指令格式为

IF <条件1> AND <条件2> AND <条件3>,JMP LBL[3]

逻辑和（OR）指令格式为

IF <条件1> OR <条件2>,JMP LBL[3]

4. 条件等待指令

条件等待指令是指在指定的条件得到满足后，或经过指定时间之前，使程序执行等待的指令。工业机器人在装配时，经常会使用到该指令，当信号条件满足时，进行下一步的动作。

（1）I/O 条件等待指令

I/O 条件等待指令是将 I/O 的值和另一方的值进行比较，在条件得到满足之前等待，如图 6-2-6 和图 6-2-7 所示。

图 6-2-6 I/O 条件等待指令 1

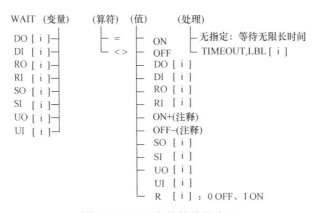

图 6-2-7 I/O 条件等待指令 2

例：

```
1. WAIT DI[2]<> OFF,TIMEOUT LBL[1]
2. WAIT RI[[1]]=R[1]
```

（2）寄存器条件等待指令

寄存器条件等待指令是将寄存器的值和另外一方的值进行比较，在条件满足之前等待，如图 6-2-8 所示。

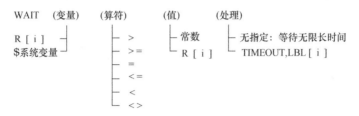

图 6-2-8　寄存器条件等待指令

例：

```
1. WAIT  R[2]=1,TIMEOUT  LBL[1]
2. WAIT  R[R[1]]>=200
```

5. 应用实例

工业机床装配任务要求为从 HOME 点出发到零件区取毛坯零件，取完毛坯零件后运动至装夹位置进行毛坯零件的装夹，然后返回 HOME 点等待加工，加工完成后工业机器人到装夹区取下成品零件，并将成品零件放至零件区。装配过程中除了接近点和离开点其他路径运行速度设置为 0.2m/s。工业机器人装配案例示意图如图 6-2-9 所示。

装夹位置

零件区

图 6-2-9　工业机器人装配案例示意图

工业机器人装配案例参考示例程序如下。

1.J PR[1]100% FINE	注:PR[1]为 HOME 点位置寄存器,为了安全,程序开头先回 HOME 点
2.J P[1]100% FINE	注:从 HOME 点关节以 100% 速度运动到 P1,位于零件上方
3.L P[2]200mm/sec FINE	注:工业机器人减速运行至抓取点
4.WAIT 0.5sec	注:使用等待指令,等到 0.5s,稳定工业机器人
5.RO[1]=1	注:手爪夹紧
6.WAIT 0.5sec	注:使用等待指令,等待 0.5s,稳定工业机器人
7.L P[3]200mm/sec FINE	注:工业机器人上升至安全位置
8.J P[4]100% FINE	注:工业机器人从抓料点移动至装夹位置附近
9.IF DI[0]=0 JMP LBL[1]	注:判断机床卡盘上有无打开,防止工业机器人撞击机床。如果已打开,则跳转至标志位 LBL[1],如果没有打开,则发送机床卡盘打开的通信命令,机床→工业机器人
10.DO[1]=1	注:发送机床卡盘打开的命令
11.LBL[1]	注:没有零件的标志位

```
12. L P [ 5 ]200mm/sec FINE          注:工业机器人进入装夹位置
13. DO [ 1 ]=0                        注:发送机床卡盘夹紧命令的命令,工业机器人→机床
14. RO [ 1 ]=0                        注:手爪松开
15. WAIT 0.5sec                       注:等待0.5s
16. L P [ 4 ]200mm/sec FINE          注:撤出工业机器人
17. J P [ 6 ]100% FINE               注:工业机器人回到安全位置
18. WAIT DI [ 2 ]=1                  注:等待机床加工完成信号,机床→工业机器人
19. L P [ 4 ]200mm/sec FINE          注:工业机器人进入机床
20. L P [ 4 ]200mm/sec FINE          注:工业机器人到装夹位置
21. RO [ 1 ]=1                        注:手爪夹紧
22. DO [ 1 ]=1                        注:发送机床卡盘松开的命令,工业机器人→机床
23. L P [ 4 ]200mm/sec FINE          注:撤出工业机器人
24. J P [ 6 ]100% FINE               注:工业机器人回到安全位置
25. J P [ 7 ]100% FINE               注:工业机器人移动至零件区空位上方
26. L P [ 9 ]200mm/sec FINE          注:工业机器人减速运行至成品放置点
27. RO [ 1 ]=0                        注:手爪松开
28. J P [ 7 ]100% FINE               注:工业机器人移动至零件区空位上方
29. J PR [ 1 ]100% FINE              注:工业机器人回HOME点
```

任务实施

参考工业机器人装配工艺步骤，练习工业机器人装配程序的编写与调试，并完成机床与工业机器人信号的分配。零件区的物料通过工业机器人抓取到机床内，并进行信号交互，实现机床卡盘的装夹。模拟加工等待10s，加工完成后，工业机器人将机床内的物料拿出，放回至成品位置。工业机器人装配工艺步骤如下：

1）查看工业机器人与机床信号交互，并将内容填入表6-2-1中。

表6-2-1　工业机器人与机床信号交互表

机器人→机床			
工业机器人输出信号名称	工业机器人输出信号地址	机床输入信号名称	机床输入信号地址

机床→工业机器人			
机床输出信号名称	机床输出信号地址	工业机器人输入信号名称	工业机器人输入信号地址

2）工业机器人处于 HOME 位置 ➡ 移动到物料上方 ➡ 移动到物料抓取位置 ➡ 抓取物料 ➡ 工业机器人回到 HOME 位置。

3）工业机器人处于 HOME 位置 ➡ 移动到机床内部 ➡ 移动到物料放置位置 ➡ 机床卡盘夹紧 ➡ 工业机器人手爪松开 ➡ 工业机器人回到 HOME 位置。

4）10s 加工完成后 ➡ 移动到机床内部 ➡ 移动到物料抓取位置 ➡ 工业机器人手爪夹紧 ➡ 工业机床卡盘松开 ➡ 工业机器人取下物料 ➡ 工业机器人回到 HOME 位置。

5）工业机器人处于 HOME 位置 ➡ 移动到成品位置上方 ➡ 移动到成品放置位置 ➡ 工业机器人手爪松开 ➡ 工业机器人回到 HOME 位置。

任务评价

参考表 6-2-2 装配程序的编写任务评价表，对工业机器人装配程序的编写与调试进行评价，并根据学生完成的实际情况进行总结。

表 6-2-2　装配程序的编写任务评价表

	评价项目	评价要求	评分标准	分值	得分
任务内容	装配工艺程序的编写	规范操作	结果性评分，完整编写装配工艺的程序，否则不得分	20分	
	数据参数的修改	规范操作	结果性评分，能正确修改工业机器人的数据参数，否则不得分	20分	
	位置示教	规范操作	过程性评分，步骤正确、动作规范	15分	
	装配工艺调试	精度	结果性评分，观察工业机器人是否能正确执行装配工艺，否则不得分	15分	
	信号表分配	规范操作	结果性评分，观察 I/O 表是否分配正确	10分	
安全文明生产	设备	保证设备安全	1. 每损坏设备 1 处扣 1 分 2. 人为损坏设备扣 10 分	10分	
	人身	保证人身安全	否决项，发生皮肤损伤、触电、电弧灼伤等，本次任务不得分		
	文明生产	劳动保护用品穿戴整齐、遵守各项安全操作规程、实训结束要清理现场	1. 违反安全文明生产考核要求的任何一项，扣 1 分 2. 当教师发现有重大人身事故隐患时，要立即给予制止，并扣 10 分 3. 不穿工作服，不穿绝缘鞋，不得进入实训场地	10分	
合计				100分	

任务三　码垛程序的编写

任务描述

了解什么是工业机器人码垛工艺，以及如何编写工业机器人码垛程序。

知识目标

了解工业机器人码垛指令的使用。
了解工业机器人码垛工艺。

技能目标

会熟练编写工业机器人的码垛程序。

知识准备

1. 工业机器人码垛工艺

在企业的实际生产中，经常会有物件需要进行堆放和排列，码垛机器人实现了这一功能，并有着相当广泛的应用。码垛机器人运作灵活、精准、快速、稳定性好、作业效率高，大大节省了劳动力成本和空间。码垛机器人占用空间灵活紧凑，能够实现在较小的占地面积上建造高效节能的全自动砌块成型生产线，如图6-3-1所示。

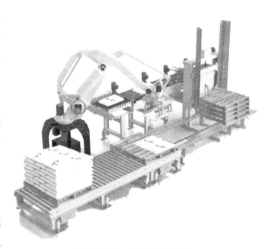

图6-3-1 码垛机器人

2. 码垛堆积功能

（1）码垛堆积的含义

码垛堆积是一种功能，只要对几个具有代表性的点位进行示教，工业机器人即可按照从下层到上层的顺序堆放工件。

（2）码垛堆积的结构

码垛堆积由堆上式样和经路式样两种结构构成，如图6-3-2所示。

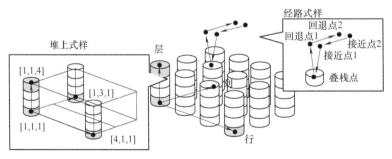

图6-3-2 码垛堆积的结构

（3）码垛堆积的种类

码垛堆积的种类见表6-3-1。

3. 码垛堆积

（1）码垛堆积指令

码垛堆积指令是指基于码垛寄存器的值，根据堆上式样计算当前的叠栈点位置，并根据经路式样计算当前的路径，改写码垛堆积动作指令的位置数据，如图 6-3-3 所示。

表 6-3-1　码垛堆积的种类

码垛堆积种类示意图		码垛堆积种类	注释
四角形　工件姿势一定		B	所有工件的姿势一定，堆上时的底面形状为直线或者平行四边形
非四角形　工件姿势变化		E	对应更为复杂的堆上式样的情形（如工件姿势变化，堆上时的底面形状不是平行四边形等）
经路式样 1　经路式样 2		BX、EX	码垛堆积 BX、EX 可以设定多个经路式样；码垛堆积 B、E 只能设定一个经路式样

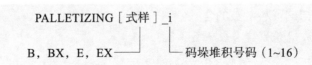

PALLETIZING［式样］_i

B，BX，E，EX————　　————码垛堆积号码（1~16）

图 6-3-3　码垛堆积指令的格式

（2）码垛堆积动作指令

码垛堆积动作指令是指使用具有接近点、叠栈点、回退点等路经点作为位置数据的动作指令，是码垛堆积专用的动作指令。该位置数据通过码垛堆积指令每次都被改写，如图 6-3-4 所示。

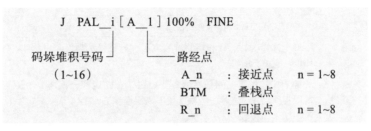

J　PAL_i［A_1］100%　FINE

码垛堆积号码————　　————路经点
（1~16）　　　　　　A_n　：接近点　　n = 1~8
　　　　　　　　　　BTM　：叠栈点
　　　　　　　　　　R_n　：回退点　　n = 1~8

图 6-3-4　码垛堆积动作指令的格式

（3）码垛堆积结束指令

码垛堆积结束指令是指计算下一个叠栈点，改写码垛寄存器的值，如图 6-3-5 所示。

PALLETIZING—END_i

└── 码垛堆积号码（1~16）

图 6-3-5　码垛堆积结束指令的格式

（4）码垛堆积指令使用示例

码垛堆积指令使用示例见表 6-3-2。

表 6-3-2　码垛堆积指令使用示例

程序号	程序指令	注释
1	PALLETIZING-B_3	建立码垛堆积指令
2	J PAL_3［A_2］50%CNT50	快速移动到零件上方（码放的零件顺序可以设定）
3	L PAL_3［A_1］100mm/sec CNT10	移动到零件上方
4	L PAL_3［BTM］50mm/sec FINE	移动到抓取零件的位置
5	HAND1 OPEN	手爪夹紧
6	L PAL_3［R_1］100mm/sec CNT10	移动到零件上方
7	J PAL_3［R_2］100mm/sec CNT50	移动到零件上方
8	PALLETIZING-END_3	码垛堆积指令结束

4. 码垛的设定

（1）码垛堆积的初期资料

在码垛堆积初期资料输入界面中，设定码垛堆积参数。这里设定的数据，将在后面的示教界面上使用。根据码垛堆积的种类不同，初期资料输入界面有 4 类，如图 6-3-6 所示。

（2）码垛堆积初期资料参数的含义

码垛堆积初期资料参数含义见表 6-3-3。

表 6-3-3　码垛堆积初期资料参数含义

参数	说明
码垛堆积号码	对码垛堆积程序进行示教时，自动赋予号码。码垛堆积 _N：1~16 码
码垛堆积种类	利用码垛堆积结束指令来选择码垛寄存器的加法运算或减法运算。选择堆上或堆下
寄存器增加数	利用码垛堆积结束指令在码垛寄存器上进行加法运算或减法运算
码垛寄存器号码	指定在码垛堆积指令和码垛堆积结束指令中所使用的码垛寄存器
顺序	指定堆上（堆下）行列层的顺序
排列（行、列、层）数	堆上式样的行、列和层数，用 1~127 表示
排列方法	堆上式样的行、列和层的排列方法。有直线示教、自由示教、间隔指定之分（仅限码垛堆积 E、EX）
姿势控制	堆上式样的行、列和层的姿势控制，有固定和分割之分（仅限码垛堆积 E、EX），可以根据层来改变堆上方法（仅限码垛堆积 E、EX）
层式样数	记录层式样数，用 1~16 表示
接近点数	经路式样的接近点的点数，用 0~8 表示
四退点数	经路式样的回退点的点数，用 0~8 表示
经路式样数	经路式样的数量（仅限码垛堆积 BX、EX），用 1~16 表示

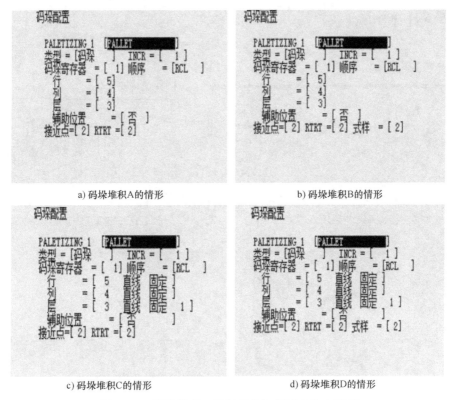

a) 码垛堆积A的情形   b) 码垛堆积B的情形

c) 码垛堆积C的情形   d) 码垛堆积D的情形

图 6-3-6　码垛堆积 4 种类型的初期资料输入界面

（3）码垛堆积的示教

1）在输入完所有初期资料之后，方可进行码垛堆积指令关键点的示教，码垛堆积初期设定如图 6-3-7 所示。

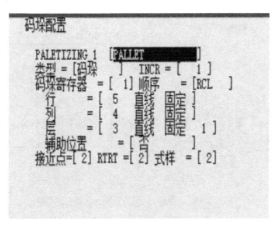

图 6-3-7　码垛堆积初期设定

2）在输入完所有数据后，按下［F5］（前进）。界面上就会显示下一个码垛堆积堆上式样，示教界面如图 6-3-8 所示。

3）分别对堆上式样四角形的 4 个顶点进行示教并记录，如图 6-3-9 所示。

4）记录完成后进行下一步的码垛堆积经路点示教，设定向叠栈点堆上工件或从其上堆下工件的前后通过的几个路经点，路经点也随着叠栈点的位置而改变。码垛堆积经路点示教界面如图 6-3-10 所示。

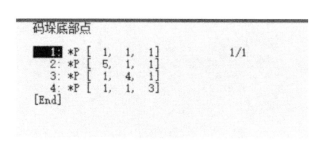

图 6-3-8　码垛堆积示教界面

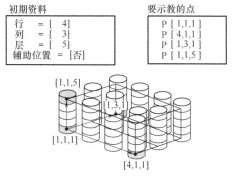

图 6-3-9　码垛堆积示教界面

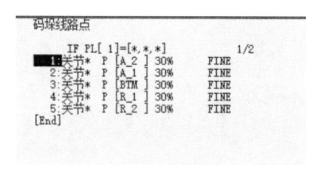

图 6-3-10　码垛堆积经路点示教界面

5）通过示教设定回退点确定工业机器人抓取工件时的抬升点。一般在示教时，P［A_2］为接近点 2，P［A_1］为接近点 1，P［BTM］为叠栈点，P［R_1］为回退点 1，P［R_2］为回退点 2，如图 6-3-11 所示。

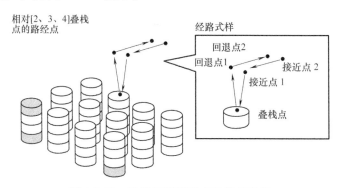

图 6-3-11　码垛堆积回退点示教示意图

5. 应用实例

将 P［3］点的零件按照 2 行 3 列 3 层的要求进行码垛堆积，如图 6-3-12 所示。码垛堆积示例程序如下。

```
1. J P［1］100% FINE
2. J P［2］70%CNT50
3. L P［3］50mm/sec FINE
```

```
4. Hand Close
5. L P[2]100mm/sec CNT50
6. PALLETIZING-B_3
7. L PAL_3[A_1]100mm/sec CNT10
8. L PAL_3[BTM]50mm/sec FINE
9. Hand Open
10. L P_3[R_1]100mm/sec CNT10
11. PALLETIZING-END_3
12. J P[2]70%CNT50
13. J P[1]100% FINE
```

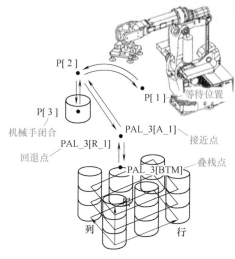

图 6-3-12　码垛堆积执行示例

码垛堆积处理的流程如图 6-3-13 所示。

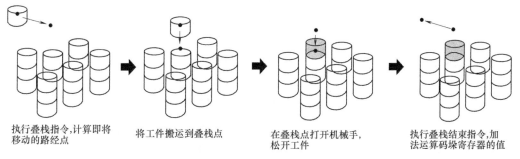

图 6-3-13　码垛堆积处理的流程

任务实施

如图 6-3-14 所示的工业机器人码垛工艺程序的编写，练习工业机器人码垛堆积指令的示教。

任务实施参考步骤如下：

1）工业机器人处于 HOME 位置 ⟹ 移动到物料上方 ⟹ 移动到取料位置 ⟹ 抓取物

料 ⟹ 工业机器人回到 HOME 位置。

原料区

码垛盘

图 6-3-14　工业机器人码垛

2）工业机器人处于 HOME 位置 ⟹ 移动到码垛盘上方 ⟹ 移动到放置物料的位置（要求能通过码垛堆积指令自动变化位置）⟹ 手爪松开放置物料 ⟹ 工业机器人回到码垛盘上方 ⟹ 工业机器人回到 HOME 位置。

任务评价

参考表 6-3-4 码垛程序的编写任务评价表，对工业机器人码垛程序的编写与调试进行评价，并根据学生完成的实际情况进行总结。

表 6-3-4　码垛程序的编写任务评价表

	评价项目	评价要求	评分标准	分值	得分
任务内容	码垛工艺程序的编写	规范操作	结果性评分，完整编写码垛工艺的程序，否则不得分	20 分	
	码垛参数的修改	规范操作	结果性评分，能正确修改工业机器人的数据参数，否则不得分	20 分	
	码垛位置示教	规范操作	过程性评分，步骤正确、动作规范	20 分	
	码垛工艺调试	精度	结果性评分，观察工业机器人是否能正确执行装配工艺，否则不得分	20 分	
安全文明生产	设备	保证设备安全	1. 每损坏设备 1 处扣 1 分 2. 人为损坏设备扣 10 分	10 分	
	人身	保证人身安全	否决项，发生皮肤损伤、触电、电弧灼伤等，本次任务不得分		
	文明生产	劳动保护用品穿戴整齐、遵守各项安全操作规程、实训结束要清理现场	1. 违反安全文明生产考核要求的任何 1 项，扣 1 分 2. 当教师发现有重大人身事故隐患时，要立即给予制止，并扣 10 分 3. 不穿工作服，不穿绝缘鞋，不得进入实训场地	10 分	
合计				100 分	

项目总结

本项目要求能够了解工业机器人过渡点的使用，位置补偿命令的使用，与外界设备的简单通信，条件比较指令的使用，等待命令的使用，码垛堆积功能及码垛指令的使用。要求能独立完成工业机器人的搬运、装配、码垛等程序的编写、点位的示教以及工艺的调试。

项目评测

一、简答题

1. 什么是工业机器人的过渡点？

2. 如何使用位置补偿命令？

3. 如何使用工业机器人与外界设备进行通信？

4. 简述当工业机器人手爪上零件突然掉落时的解决方案。

5. 简述码垛堆积功能。

二、操作题

1. 画出搬运工艺的流程，并完成工业机器人程序的编写、点位的示教和调试。

2. 画出装配工艺的流程，并完成工业机器人程序的编写、I/O 信号通信的设定、点位的示教和调试。

3. 完成 3 行 3 列 3 层 B 类型码垛指令的建立和设定。

4. 画出码垛工艺的流程，并完成工业机器人程序的编写、码垛功能点位的示教、过渡点的示教和工艺的调试。

项目七

工业机器人的维护与保养

项目描述

　　本项目主要学习工业机器人文件的备份与加载、零点复归、维护与保养。通过本项目的学习，学生能够完成工业机器人文件的备份与加载，实现工业机器人零点复归，熟悉工业机器人的维护与保养方法。

任务一　工业机器人文件的备份与加载

任务描述

　　了解工业机器人的文件类型、文件的输入 / 输出装置，会备份及加载工业机器人文件。

知识目标

　　了解工业机器人的文件类型、文件的输入 / 输出装置。

技能目标

　　会熟练备份及加载工业机器人文件。

知识准备

　　1. 文件的类型
　　文件是指工业机器人控制器中作为数据存储在 SRAM 中的存储单位。主要的文件类型有：
　　（1）程序文件
　　程序文件是记录有向机器人发出的一连串的被称作程序指令的文件。程序指令可以进行工业机器人的动作、外围设备和各应用程序的控制。
　　（2）标准指令文件
　　标准指令文件是指在存储程序编辑界面上，分配给各功能键（［F1］~［F4］键）的标准指令语句的设定。标准指令文件有如下种类。
　　1）DF_MOTN0.DF：［F1］键，存储标准动作指令语句的设定。

2）DF_LOGI1.DF：[F2] 键。

3）DF_LOGI2.DF：[F3] 键，存储各功能键的标准指令语句的设定。

4）DF_LOGI3.DF：[F4] 键。

（3）系统文件

系统文件是为运行应用工具软件系统控制程序或在系统中使用的数据存储文件。系统文件有如下种类：

1）SYSVARS.SV：存储参考位置、关节可动范围、制动器控制等系统变量的设定。

2）SYSFRAME.SV：存储坐标系的设定。

3）SYSSERVO.SV：存储伺服参数的设定。

4）SYSMAST.SV：存储零点标定的数据。

5）SYSMACRO.SV：存储宏指令的设定。

6）FRAMEVAR.VR：存储为进行坐标系设定而使用的参照点、注解等数据。坐标系的数据被存储在 SYSFRAME.SV 中。

（4）数据文件

数据文件是用来存储系统中所使用的数据的文件。数据文件有如下几类：

1）数据文件（*.VR）。

① MUMREG.VR：存储数值寄存器的数据。

② POSREG.VR：存储位置寄存器的数据。

③ STRREG.VR：存储字符串寄存器的数据。

④ PALREG.VR：存储码垛寄存器的数据（仅限使用码垛寄存器选项时）。

2）I/O 分配数据文件（*.I/O）。

DI/OCFGSV.I/O：存储 I/O 分配的设定。

3）工业机器人设定数据文件（*.DT）。

存储工业机器人设定界面上的设定内容，文件名因不同机型而有所差异。

（5）ASCII 文件

ASCII 文件是采用 ASCII 格式的文件。要载入 ASCII 文件，需要有 ASCII 程序载入功能选项。可通过计算机等设备进行 ASCII 文件的内容显示和打印。

2. 文件的输入 / 输出装置

工业机器人控制装置可以使用不同类型的文件输入 / 输出装置。

一般使用 TP 示教器上的 USB 接口进行文件的备份与加载，需要按照如下步骤进行文件输入 / 输出装置的切换：

1）[MENU]（菜单）键 ➡ FILE（文件）键。

2）按 [F5]（工具）➡ 移动光标至"切换设备"，如图 7-1-1 所示。

3）进入图 7-1-2 所示界面，存储装置选择 UT1。

① FROM 盘（FR:）：在没有后备电池的状态下，可在电源断开时保存信息的存储区域。根目录中保存有对系统来说极为重要的

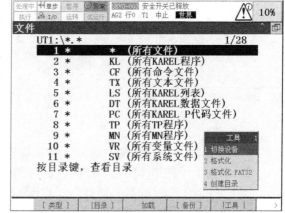

图 7-1-1　切换设备图

数据，虽然可以在本存储装置中保存程序等的备份和任意的文件，但是请勿进行向根目录的保存或删除等操作。要进行保存时，务必创建子目录，将其保存在子目录中。

② 备份（FRA：）：通过自动备份来保存文件的区域。可以在没有后备电池的状态下，在电源断开时保持信息。

③ RAM 盘（RD：）：为特殊功能而提供的存储装置。请勿使用本存储装置。

④ 存储器设备（MD：）：存储器设备，是可以将工业机器人程序和 KAREL 程序等控制装置的存储器上的数据作为文件进行处理的设备。

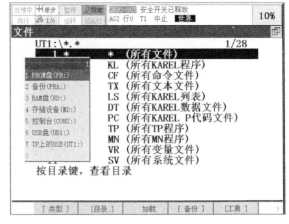

图 7-1-2　存储装置选择图

⑤ 控制台（CONS：）：维修专用的设备。可以参照内部信息的日志文件。

⑥ USB 盘（UD1：）：安装在操作面板上的 USB 端口上的 USB 存储器。

工业机器人
文件的备份

⑦ TP 上的 USB（UT1：）：安装在新型示教器上的 USB 端口上的 USB 存储器。

3. 文件备份方法

将 16GB 以下的 U 盘插入示教器上的 USB 端口，完成如下操作：

1）［MENU］（菜单）键 ➡ ［FILE］（文件）键。

2）按［F4］（备份），如图 7-1-3 所示，然后选择"TP 程序"，如图 7-1-4 所示。

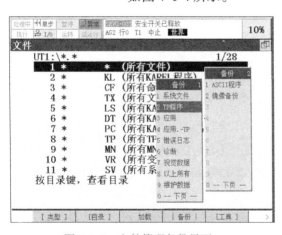

图 7-1-3　文件管理备份界面

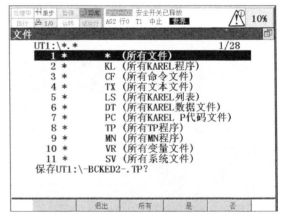

图 7-1-4　备份 TP 程序界面

① 当按下［F2］（退出）键时，结束程序文件的保存。

② 当按下［F3］（所有）键时，保存所有程序文件和标准指令文件。

③ 当按下［F4］（是）键时，保存所指示的文件（程序、标准指令）。

④ 当按下［F5］（否）键时，不保存所指示的文件（程序、标准指令）。执行完毕后有是否保存下一个程序文件的提问。

3）按下［F3］（所有）键，程序文件即被保存起来。

4）若已经存在相同名称的文件，如图 7-1-5 所示，则：

① 当按下［F3］（覆盖）键时，覆盖所指定的文件。

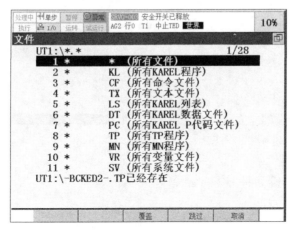

图 7-1-5　备份文件已经存在界面

② 当按下［F4］（跳过）键时，不保存所指定的文件。

③ 当按下［F5］（取消）键时，结束文件保存操作。

4. 文件加载方法

将装有备份文件的 U 盘插入示教器上的 USB 端口，完成如下操作：

1）［MENU］（菜单）键 ➡ ［FILE］（文件）键。

2）按下［F2］（目录）键，进入图 7-1-6 所示界面。

3）选择 *.TP，显示文件输入 / 输出装置中所保存的所有程序文件列表界面，如图 7-1-7 所示。

4）将光标指向希望载入的程序文件，按下［F3］（加载）键。

工业机器人文件的加载

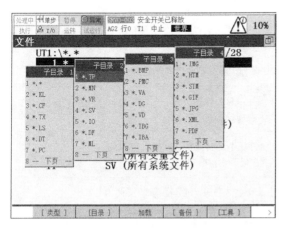

图 7-1-6　目录界面

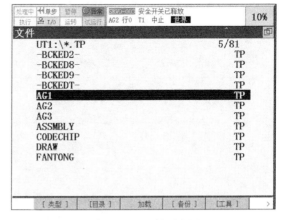

图 7-1-7　文件列表界面

5）若存储器中已经存在相同名称的程序，如图 7-1-8 所示，则：

① 当按下［F3］（覆盖）键时，载入新的文件后覆盖原文件。

② 当按下［F4］（跳过）键时，移动到下一个文件载入。

③ 当按下［F5］（取消）键时，结束文件加载操作。

④ 当按下［PREV］（返回）键时，在载入途中的文件完成载入后中断操作。

任务实施

参考工业机器人文件的备份和文件的加载视频及操作步骤，练习工业机器人文件的备份和加载。

1. 工业机器人文件备份的操作步骤

1）将 U 盘插入示教器上的 USB 端口 ➡［MENU］（菜单）键 ➡［FILE］（文件）键。

2）［F5］（工具）键 ➡ 切换设备 ➡ TP 上的 USB。

3）［F4］（备份）键 ➡ TP 程序 ➡［F3］（所有）键。

2. 工业机器人文件加载的操作步骤

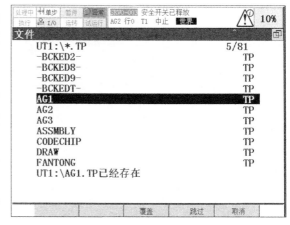

图 7-1-8　加载文件已经存在界面

1）将 U 盘插入示教器上的 USB 端口 ➡［MENU］（菜单）键 ➡［FILE］（文件）键。

2）［F2］（目录）键 ➡ *.TP ➡［F3］（加载）键。

任务评价

参考表 7-1-1 工业机器人文件的备份和加载任务评价表，对工业机器人文件的备份和加载进行评价，并根据学生完成的实际情况进行总结。

表 7-1-1　工业机器人文件的备份和加载任务评价表

	评价项目	评价要求	评分标准	分值	得分
任务内容	文件的备份	规范操作	过程性评分，步骤正确、动作规范	40 分	
	文件的加载	规范操作	过程性评分，步骤正确、动作规范	40 分	
安全文明生产	设备	保证设备安全	1. 每损坏设备 1 处扣 1 分 2. 人为损坏设备扣 10 分	10 分	
	人身	保证人身安全	否决项，发生皮肤损伤、触电、电弧灼伤等，本次任务不得分		
	文明生产	劳动保护用品穿戴整齐、遵守各项安全操作规程、实训结束要清理现场	1. 违反安全文明生产考核要求的任何 1 项，扣 1 分 2. 当教师发现有重大人身事故隐患时，要立即给予制止，并扣 10 分 3. 不穿工作服，不穿绝缘鞋，不得进入实训场地	10 分	
合计				100 分	

任务二　零点标定

任务描述

熟悉零点标定的各种方法

能使用全轴零点位置标定方法对工业机器人进行零点标定。

知识目标

了解工业机器人零点标定的各种方法。

技能目标

会使用全轴零点位置标定方法对工业机器人进行零点标定。

知识准备

1. 零点标定的含义

零点标定是使工业机器人各轴的轴角度与连接在各轴电动机上的脉冲编码器的脉冲计数值对应起来的操作。具体来说，零点标定是求取零位中的脉冲计数值的操作。

工业机器人的所在位置可通过各轴的脉冲编码器的脉冲计数值来确定。工厂出货时，已经对工业机器人进行了零点标定，所以在日常操作中并不需要进行零点标定。但是，下列情况下，则需要进行零点标定。

1）工业机器人执行一个初始化起动。

2）SRAM（CMOS）备份电池的电压下降导致零点数据的丢失。

3）SPC（轴编码器）备份电池的电压下降导致 SPC 脉冲计数丢失。

4）在关机状态下，卸下工业机器人底座电池盒盖子。

5）更换电动机。

6）机器人的机械部分因为撞击导致脉冲编码器和轴角度偏移时。

7）编码器电源线断开。

8）更换 SPC（轴编码器）。

9）机械拆卸。

2. 零点标定的方法

零点标定的方法有 6 种，见表 7-2-1。

表 7-2-1　零点标定的方法

零点标定方法	内容
专用夹具零点位置标定	使用零点标定专用的夹具进行标定，是在工厂出货之前进行的零点标定
全轴零点位置标定	将工业机器人的各轴对应于零度位置进行标定，参照安装在工业机器人各轴上的零度位置标记

（续）

零点标定方法	内容
简易零点标定	将零点标定位置设定在任意位置上进行标定，需要事先设定好参考点
简易零点标定（单轴）	对选择的任意轴进行简易标定，需要事先设定好参考点
单轴零点标定	针对每一轴进行的零点标定
输入零点标定数据	直接输入零点标定数据的方法

3. 零点标定的步骤

工业机器人零点位置校对

下面以全轴零点位置标定为例，介绍零点标定的设置步骤。

1）MENU（菜单）➡ SYSTEM（系统）➡ VARIABLES（变量）。

2）找到变量 \$MASTER_ENB=0。

3）将变量改为 \$MASTER_ENB=1 或者 2，如图 7-2-1 所示。

4）［MENU］（菜单）键 ➡ ［SYSTEM］（系统）键，出现"零点标定 / 校准"选项，如图 7-2-2 所示。

图 7-2-1 系统变量界面

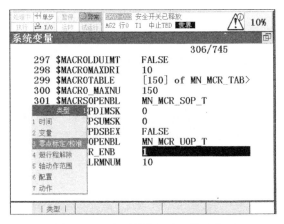

图 7-2-2 选择零点标定 / 校准界面

5）选择"零点标定 / 校准"，出现系统零点标定 / 校准界面，如图 7-2-3 所示。

6）在关节坐标系下将工业机器人移动到 0° 位置姿势（0° 位置标记对齐的位置），如图 7-2-4 所示，各关节调节的顺序是 J4-J5-J6-J1-J2-J3。

7）选择"2 全轴零点位置标定"，按下［F4］（是）键，设定零点标定数据，如图 7-2-5 所示。

8）选择"7 更新零点标定结果"，按下［F4］（是）键，进行位置校准，如图 7-2-6 所示。

9）在位置校准结束后，按下［F5］（完成）键。

任务实施

参考工业机器人标定位置标定视频及操作步骤，练习工业机器人零点位置标定。

工业机器人零点位置标定的操作步骤如下：

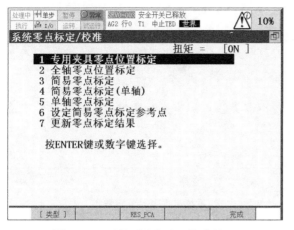

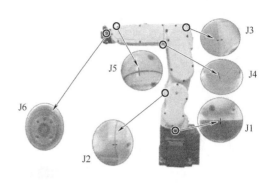

图 7-2-3　系统零点标定 / 校准界面　　　　图 7-2-4　工业机器人 0° 位置姿势

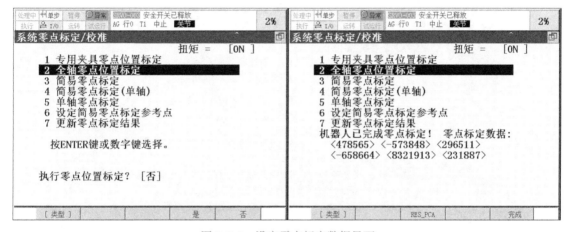

图 7-2-5　设定零点标定数据界面

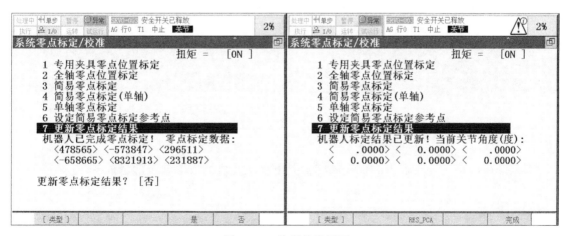

图 7-2-6　位置校准界面

1）［MENU］（菜单）键 ⟹ 系统 ⟹ 变量 ⟹ ［ENTER］键。

2）$MASTER_ENB=1 ⟹ 类型 ⟹ 零点标定 / 校准。

3）移动工业机器人 6 个轴到 0° 标记对齐的位置 ⟹ 全轴零点位置标定 ⟹ ［F4］

（是）键。

4）更新零点标定结果 ⟹ ［F4］（是）键 ⟹ ［F5］（完成）键。

▷ **任务评价**

参考表 7-2-2 零点标定任务评价表，对工业机器人零点标定进行评价，并根据学生完成的实际情况进行总结。

表 7-2-2　零点标定任务评价表

评价项目		评价要求	评分标准	分值	得分
任务内容	设置零点标定选项	规范操作	结果性评分，使系统出现零点标定选项，否则不得分	20 分	
	零点标定	规范操作	过程性评分，步骤正确、动作规范	30 分	
	检验零点标定	精度	结果性评分，编写程序，使每个关节到 0°，看是否与零点位置标记一致，否则不得分	30 分	
安全文明生产	设备	保证设备安全	1. 每损坏设备 1 处扣 1 分 2. 人为损坏设备扣 10 分	10 分	
	人身	保证人身安全	否决项，发生皮肤损伤、触电、电弧灼伤等，本次任务不得分		
	文明生产	劳动保护用品穿戴整齐、遵守各项安全操作规程、实训结束要清理现场	1. 违反安全文明生产考核要求的任何 1 项，扣 1 分 2. 当教师发现有重大人身事故隐患时，要立即给予制止，并扣 10 分 3. 不穿工作服，不穿绝缘鞋，不得进入实训场地	10 分	
合计				100 分	

任务三　工业机器人的基本保养

▷ **任务描述**

熟悉 FANUC 工业机器人的保养周期，能更换工业机器人电池及润滑油

▷ **知识目标**

了解 FANUC 工业机器人的保养周期及更换工业机器人电池及润滑油的方法

▷ **技能目标**

会更换 FANUC 工业机器人电池及润滑油

知识准备

定期保养工业机器人可以延长工业机器人的使用寿命，FANUC工业机器人的保养周期可以分为日常、三个月、六个月、一年、三年，具体内容见表7-3-1。

表7-3-1　FANUC工业机器人保养周期表

保养周期	检查和保养内容	备注
日常	检查不正常的噪声和振动，电动机温度	
	检查周边设备是否可以正常工作	
	检查每根轴的抱闸是否正常	有些型号工业机器人只有J2、J3抱闸
三个月	检查控制部分的电缆	
	检查控制器的通风	
	检查连接机械本体的电缆	
	检查接插件的固定状况是否良好	
	拧紧工业机器人的盖板和各种附加件	
	清除工业机器人的灰尘和杂物	
六个月	更换平衡块轴承的润滑油，其他参见三个月保养内容	某些型号工业机器人不需要，具体见随机的机械保养手册
一年	更换工业机器人本体上的电池，其他参见六个月保养内容	
三年	更换工业机器人减速器的润滑油，其他参见一年保养内容	

1. 更换电池

在保养FANUC工业机器人时需要更换控制器主板的电池和工业机器人本体的电池。

（1）更换控制器主板的电池

程序和系统变量存储在主板上的SRAM中，由一节位于主板上的锂电池供电，以保存数据。当这节电池的电压不足时，则会在TP上显示报警（SYST-035 Low or No BatteryPower in PSU）。当电压变得更低时，SRAM中的内容将不能备份，这时需要更换电池，并将原先备份的数据重新加载。因此，平时需要注意定期备份数据。

控制器主板上的电池需两年换一次，以R-30IB Mate柜为例，具体步骤如下：

1）准备一节新的3V锂电池（推荐使用FANUC原装电池）。

2）工业机器人通电开机正常后，等待30s。

3）工业机器人断电，打开控制柜，拔下接头，取下主板上的旧电池，如图7-3-1所示。

4）装上新电池，插好接头。

图7-3-1　控制器主板上的电池

（2）更换工业机器人本体的电池

工业机器人本体的电池用来保存每根轴编码器的数据，因此需要每年更换电池。在电池电压下降报警信息"SRVO-065 BLAL alarm（Group：%dAxis：%d）"出现时，用户需要更换电池。若不及时更换，则会出现报警信息"SRVO-062 BZAL alarm（Group：%dAxis：%d）"，此时工业机器人将不能动作。遇到这种情况再更换电池，还需要做零点标定，才能使工业机器人正常运行。

具体步骤如下：

1）保持工业机器人电源开启，按下急停按钮。

2）打开电池盒的盖子，拿出旧电池，如图 7-3-2 所示。

3）换上新电池（推荐使用 FANUC 原装电池），注意不要装错正负极（电池盒的盖子上有标识）。

4）盖好电池盒的盖子，拧紧螺钉。

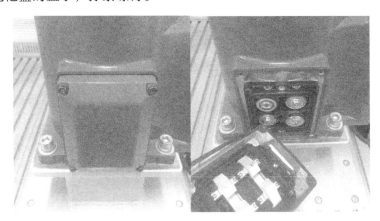

图 7-3-2　机器人本体上的电池

2. 更换润滑油

工业机器人每工作 3 年或工作 10000h 需要更换 J1、J2、J3、J4、J5、J6 轴减速器润滑油和 J4 轴齿轮盒的润滑油。某些型号工业机器人如 S-430、R-2000 等每半年或工作 1920h 还需更换平衡块轴承的润滑油。

（1）更换减速器和齿轮盒润滑油

具体步骤如下：

1）将工业机器人断电。

2）拧掉出油口螺钉，如图 7-3-3 所示。

3）拧掉需要添加润滑油的轴的进油口螺钉，图 7-3-4 所示为工业机器人本体第三轴进油口。

4）从进油口处加入润滑油，直到出油口处有新的润滑油流出时，停止加油。

图 7-3-3　工业机器人本体出油口

5）让工业机器人被加油的轴反复转动，动作一段时间，直到没有油从出油口处流出时，停止转动。

6）把出油口的塞子重新装好。

错误的操作将会导致密封圈损坏，为避免发生错误，操作人员应注意以下几点：

① 更换润滑油之前，要将出油口螺钉（塞子）拧掉。

② 使用手动油枪缓慢加入。

③ 避免使用工厂提供的压缩空气作为油枪的动力源。

③ 必须使用规定的润滑油，其他润滑油会损坏减速器。

④ 更换完成，确认没有润滑油从出油口流出后，将出油口螺钉（塞子）装好。

⑥ 为了防止发生滑倒事故，需将工业机器人和地板上的油污彻底清除干净。

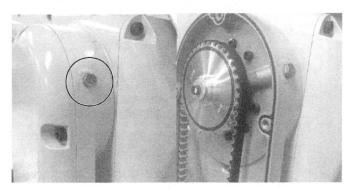

图 7-3-4　机器人本体第三轴进油口

（2）更换平衡块轴承润滑油

操作步骤：直接从进油口处加入润滑油，每次无须太多（约 10mL）。添加润滑油的数量和进油口 / 出油口的位置参见随机的机械保养手册。

任务实施

工业机器人更换电池以及更换润滑油的操作步骤如下：

1. 更换控制器主板的电池

1）工业机器人开机 ➡ 等待 30s ➡ 关机。

2）打开控制柜 ➡ 拔下接头 ➡ 取下主板上的旧电池。

3）装上新电池 ➡ 插好接头。

2. 更换工业机器人本体的电池

1）工业机器人开机 ➡ 按下急停按钮。

2）打开电池盒的盖子 ➡ 取出旧电池。

3）装上新电池 ➡ 锁紧电池盒的盖子。

3. 更换减速器和齿轮盒润滑油

1）工业机器人断电 ➡ 拧掉出油口螺钉。

2）从进油口注油 ➡ 出油口有润滑油流出 ➡ 停止加油。

3）工业机器人被加油的轴反复转动 ➡ 直至没有油从出油口流出。

4. 更换平衡块轴承润滑油

直接从进油口处加入润滑油（约 10mL）。

任务评价

参考表 7-3-2 工业机器人基本保养任务评价表，对更换工业机器人电池以及更换润滑油进行评价，并根据学生完成的实际情况进行总结。

表 7-3-2　工业机器人基本保养任务评价表

	评价项目	评价要求	评分标准	分值	得分
任务内容	更换主板电池	规范操作	过程性评分，步骤正确、动作规范	20 分	
	更换工业机器人本体上的电池	规范操作	过程性评分，步骤正确、动作规范	20 分	
	更换减速器和齿轮盒润滑油	规范操作	过程性评分，步骤正确、动作规范	20 分	
	更换平衡块轴承润滑油	规范操作	过程性评分，步骤正确、动作规范	20 分	
安全文明生产	设备	保证设备安全	1. 每损坏设备 1 处扣 1 分 2. 人为损坏设备扣 10 分	10 分	
	人身	保证人身安全	否决项，发生皮肤损伤、触电、电弧灼伤等，本次任务不得分		
	文明生产	劳动保护用品穿戴整齐、遵守各项安全操作规程、实训结束要清理现场	1. 违反安全文明生产考核要求的任何 1 项，扣 1 分 2. 当教师发现有重大人身事故隐患时，要立即给予制止，并扣 10 分 3. 不穿工作服，不穿绝缘鞋，不得进入实训场地	10 分	
合计				100 分	

项目总结

　　本项目要求能备份与加载工业机器人文件，使用全轴零点位置标定方法对工业机器人进行零点标定，能更换工业机器人控制器主板及本体的电池，能更换减速器、齿轮盒与平衡块轴承润滑油。

项目评测

　　一、简答题

1. FANUC 工业机器人的主要文件类型有哪些？
2. 什么是零点标定？
3. 简述零点标定的方法。

　　二、操作题

1. 备份与加载工业机器人的相关文件（需要备份或加载的文件现场指定）。
2. 使用全轴零点位置标定方法对工业机器人进行零点标定。
3. 更换控制器主板的电池。
4. 更换工业机器人本体的电池。
5. 更换减速器和齿轮盒润滑油。
6. 更换平衡块轴承润滑油。
7. 将 TP 程序备份进 U 盘，并保存至计算机。

参 考 文 献

［1］项万明.工业机器人现场编程［M］.北京：人民交通出版社股份有限公司，2019.

［2］杨杰忠，邹火军.工业机器人操作与编程［M］.北京：机械工业出版社，2017.

［3］崔陵.工业机器人编程与操作实训［M］.北京：高等教育出版社，2021.